Ines Hartdorf

Das ABC der erfolgreichen Hundezucht

Ines Hartdorf

Das ABC der erfolgreichen Hundezucht

Ein kompetenter, rasseunabhängiger Ratgeber zu den Themen:

Läufigkeit, Deckzeitpunkt, Trächtigkeit, Geburt, Komplikationen, Aufzucht der Welpen, ungewollte Trächtigkeit, Sterilisation / Kastration; Einsatzmöglichkeiten der Homöopathie

DeBehr

ISBN: 978-3939241225

Erstauflage: 2011
Herausgeber: Verlag DeBehr, Radeberg

Prolog

Dieses Buch soll allen eine Hilfe sein, die gerade mit der Hundezucht beginnen oder beginnen wollen. Es soll eine Orientierung bei den vielen Fragen bieten, die auftreten können und natürlich eine Unterstützung für alle, die noch einmal nachschlagen wollen, wenn die Geburt bei ihrer Hündin doch etwas anders verläuft, als es bisher der Fall war.

Ich habe mich bemüht, nicht nur in schulmedizinischem Sinne zu recherchieren, sondern auch die Möglichkeiten, die die Naturmedizin - in diesem Falle die Homöopathie - bietet, aufzuführen. Sicher können mit diesem Büchlein nicht alle Eventualitäten beleuchtet werden und es wurde auch der Teil Genetik / Vererbungslehre / rassespezifische Merkmale bewusst ausgelassen, um einen übersichtlichen Ratgeber auf den Markt zu bringen, der jedem Hundehalter weiterhelfen kann, egal, welche Hunderasse er züchten möchte. Er basiert auf der Grundlage von eigenen Erfahrungen, jahrelangen Erfahrungen befreundeter Hundezüchter, Internetrecherchen und Gesprächen mit unserem betreuenden Veterinär, der uns immer sehr gut beraten hat.

Unser Tierarzt war so freundlich, dieses Buch auf sachliche Richtigkeit zu überprüfen. Dafür möchte ich mich sehr herzlich bedanken und hoffe, dass ich für künftige Züchter alles Wichtige zusammenfassen konnte.

Nun noch eine Anmerkung zum Thema Kosten: Um einen annehmbaren Zuchterfolg zu haben, sollte man sich darüber im Klaren sein, dass die Zeit vom Decken bis zur Abgabe der Welpen erst einmal sehr kostenintensiv ist. Rechnet man alle Ausgaben, die man hat, zusammen - angefangen vom Kauf geeigneter Zuchthunde, Fütterung, Tierarztkosten, evtl. Deck-Taxe, Impfungen, Wurmkuren, Anschaffung von Wurf-Box und Wärmestrahler, evtl. OP-Kosten bei Kaiserschnitt - bekommt man ein stattliches Sümmchen zusammen. Das Welpen-Aufzucht-Futter, die Welpen-Impfungen, das Welpen-Spielzeug, der Welpen-Auslauf usw. gehören auch in die Ausgabenkalkulation – man wird sehr schnell bemerken, dass „unter dem Strich“ nicht viel übrig bleibt.

Sie werden beim Lesen dieses Buches feststellen, dass vieles zu beachten ist, einiges passieren kann und jeder Wurf gesunder Hundewelpen oft schwer erkämpft werden muss.

Auch bei der Hundezucht gilt: ***„Es gibt (fast) nichts in der Natur, was es nicht gibt!“***

In diesem Sinne wünsche ich allen Lesern einen guten Start ins „Abenteuer Hundezucht“!

Ihre Ines Hartdorf

Inhaltsverzeichnis

Altersbeschränkung bei Zuchthunden

Eine Hündin kann bereits während der ersten Hitze trächtig werden. Bei kleinen Rassen kann die Hitze bereits im sechsten bis achten Lebensmonat auftreten. Bei größeren Rassen kann es sogar bis zum 12. Monat dauern, bis die erste Hitze sichtbar wird. Manche Hündinnen werden gar noch später das erste Mal läufig. Dies ist aber eher die Ausnahme und kann ursächlich mit einer Hormonstörung oder gar Eileiterverklebung etc. zu tun haben. Rüden erlangen ihre geschlechtliche Reife meist mit sechs bis acht Monaten, nicht selten aber erst etwas später als eine Hündin der gleichen Rasse. Sobald der Rüde anfängt, das Beinchen zu heben, wird er wahrscheinlich geschlechtsreif werden. Anfangs kann es aber sein, dass er – obwohl er schon das Beinchen hebt und eine Hündin gedeckt hat – noch keinen Nachwuchs zeugen konnte, da die Spermien noch nicht „reif genug" waren. Aber auch junge Rüden, die noch keine Anstalten gemacht hatten, das Beinchen zu heben und aus diesem Grunde mit einer läufigen Hündin zusammengelassen wurden, zeugten schon Nachwuchs. Davon kann man nicht selten hören und lesen. Einzig verlässlich weiß man es nur durch einen Test beim Tierarzt, ob ein Rüde bereits die Geschlechtsreife erlangt hat.

Wie man in vielen Foren lesen kann, sind einige „künftige“ Züchter nicht sicher, wann denn ein guter Zeitpunkt ist, um die Hündin **das erste Mal** zu belegen.

Allgemein gilt: Die Hündin soll ihre eigene physische und psychische Entwicklung bereits abgeschlossen haben, bevor sie das erste Mal belegt wird. Je nach Größe und Rasse ist das sehr unterschiedlich. Eine erstmalige Belegung einer vier Jahre alten Hündin (oder älter) ist auch nicht empfehlenswert.

Die „Faustregel“ dazu heißt: Kleine Rassen sollten nicht unter 14 Monate alt sein und / oder zur zweiten oder dritten Hitze belegt werden. Bei großen Rassen soll die Hündin nicht unter 18 Monate alt sein und / oder zur dritten Hitze belegt werden. Außerdem muss die Hündin in einem sehr guten Ernährungs- und Gesundheits-Zustand sein. Eine sehr magere Hündin ist ebenso wie eine übergewichtige Hündin nicht unbedingt zur Zucht geeignet. Besonders bei einer eher untergewichtigen Hündin werden beispielsweise nicht so viele Eifollikel reifen wie bei einer Hündin mit Optimal-Gewicht. Genauere Vorgaben kann man bei den entsprechenden Zuchtvereinen der jeweiligen Rassen erfragen (oder im Internet nachlesen).

Allerdings haben Zuchtvereine noch andere Vorgaben, bevor eine Hündin das erste Mal belegt werden darf, wie z. B. medizinische Voruntersuchungen bezüglich Vererbungsmerkmalen und

Krankheitsausschluss, Prüfung durch einen Zuchtwart, vorherige Ausstellungen, Prüfungen, die der Hundehalter und künftige Züchter ablegen muss, Genehmigungen von Veterinärämtern bezüglich der Eignung von Halter und Zuchtstätte usw.

Eine weitere „Faustregel“ lautet: Einer Belegung folgt eine Wurfpause und eine erneute Belegung darf nur erfolgen, wenn die Hündin wieder gesundheitlich stabil ist. Aber auch hier gibt es die unterschiedlichsten rassespezifischen Vorgaben der entsprechenden Zuchtvereine. So ist es völlig verständlich, dass eine Hündin großer Rasse, die möglicherweise eine enorme Wurfstärke hatte, eine längere Zuchtpause zur Regeneration benötigt. Diese Hündin wird nach der Aufzucht von 10 oder mehr Welpen körperlich sehr ausgezehrt sein!

Mancher fragt sich nun: „**Wie oft und wie lange darf ich mit meiner Hündin züchten?**“ Auch diese Frage kann man nicht allgemein beantworten.

Eine Belegung von Zuchthündinnen bis einschließlich achtes Lebensjahr ist durchaus möglich. Aber auch hier kann man nicht generell sagen, dass es so und nicht anders sein muss. Eine Hündin großer Rasse kann mit 8 Jahren schon richtig alt und aufgrund etwaiger Alterserscheinungen und daraus resultierendem Gesundheitszustand nicht mehr zur Zucht geeignet sein.

Bei manchen Hunderassen beträgt die Lebenserwartung nur 6 – 9 Jahre, wie z. B. beim Irischen Wolfshund (wobei ca. 28 Prozent aller Wolfshunde gerade mal 5 Jahre alt werden) oder 8 – 10 Jahre, wie der Leonberger (Ausnahmen gibt es natürlich immer). Hündinnen dieser Rassen sollte man natürlich nicht so lange belegen. Auch bei dieser Frage kann man sich an die Empfehlungen der Rassehunde-Vereine halten, die ihre Zuchtvorgaben sehr häufig im Internet dem interessierten Züchter zugänglich machen.

Bitte lassen Sie sich im Zweifelsfall auch von Ihrem Tierarzt beraten, denn jede Hündin sollte individuell betrachtet werden. Dieser kann Ihnen sagen, ob Ihre Hündin aufgrund ihres Ernährungszustandes, ihrer physischen Entwicklung, ihrer gesundheitlichen Konstitution und natürlich auch aufgrund ihres Alters schon oder noch für Nachwuchs geeignet ist.

Impfung und Entwurmung von Zuchthündinnen

Ein wichtiges Thema während der Trächtigkeit ist die **Entwurmung der Hündin** und eventuell notwendige **Impfungen**.

Die meisten Hundehalter lassen ihren Hund jährlich gegen Staupe, Hepatitis, Zwingerhusten, Parvovirose, Leptospirose und Tollwut impfen.

An dieser Stelle soll das Für und Wider dieser Impfschemen nicht ausgiebig behandelt werden. Hier deshalb nur einige Bemerkungen dazu:

Die modernen Impfstoffe bieten (laut Hersteller) einen bis zu dreijährigen Schutz der Hunde, so dass erst nach Ablauf dieser Zeit eine Folgeimpfung notwendig wäre. Allerdings wird bei Ausstellungen, Ferienreisen ins Ausland, in Hundeschulen usw. der Nachweis einer jährlichen Impfung noch immer verlangt. Ganz prekär kann es werden, wenn ein Hund einen Menschen verletzt. Kann keine jährliche Tollwutimpfung nachgewiesen werden, so droht dem Hund eventuell die Euthanasie. Das ist oftmals nur abwendbar, wenn ein entsprechender Bluttest nachweislich genügend Antikörper aufzeigt und keine Tollwutinfektion nachgewiesen werden kann.

Haben Sie sich dafür entschieden, Ihren Hund jährlich zu impfen und fällt der Impftermin ausgerechnet in die Zeit der Trächtigkeit, so müssen Sie sich keine Sorgen machen. Ihre Hündin kann auch später geimpft werden – keinesfalls sollte das im ersten Drittel der Trächtigkeit passieren.

Einer Impfung im letzten Drittel der Trächtigkeit ist nichts entgegen zu setzen. Falls Sie dennoch im Zweifel sind: Ausreichende Antikörper konnten bei Hunden, die nur im Welpen-Alter ihre Grundimmunisierung bekommen haben, sogar noch nach 7 – 10 Jahren nachgewiesen werden.

Dies geht aus unterschiedlichen Studienergebnissen und Züchterberichten hervor. Unter dem „Bundesverband Praktizierender Tierärzte“

www.tierärzteverband.de

kann man eine überarbeitete Version der Impfempfehlungen im Internet nachlesen. Auch die Internetseite

www.tibet-terrier-wissen.de/gesundheit/impfungen

ist sehr interessant, um sich über Impfungen zu informieren.

Eine Entwurmung der Hündin sollte ebenso in regelmäßigen Abständen erfolgen; mindestens zweimal jährlich und sofort nach einem Flohbefall, da diese Lästlinge Wurmeier übertragen können. Sollte ein Impftermin bevorstehen, so entwurmen Sie die Hündin bitte unbedingt **vorher**.

Am 35. Tag der Trächtigkeit ist der beste Zeitpunkt, wenn Sie **während** der Trächtigkeit entwurmen möchten.

Manche Wurmkuren allerdings wirken fruchtschädigend, bitte beachten Sie die Empfehlungen Ihres Tierarztes.

Das Risiko des Wurmbefalls von Welpen erhöht sich schon bei der Läufigkeit der Mutterhündin, da diese durch Hormonschwankungen (insbesondere des Gelbkörperhormons) besonders für die erhöhte Vermehrung von Parasiten anfällig ist.

Sicherlich wissen Sie schon, dass sich Larven von Spulwürmern durch die Darmwand der befallenen Hündin bohren und von dort aus in die Milchdrüsen wandern. Wird die Hündin nun trächtig, gelangen diese Larven über die Muttermilch in den Körper der Welpen. Bisher konnten Spulwurm-Larven von keinem Medikament abgetötet werden. Nunmehr haben aber neue Untersuchungen mit dem Wirkstoff „Fenbendazol" gezeigt, dass eine wirksame Bekämpfung dieser Larven doch möglich ist, wenn man den Wirkstoff ab dem 40. Tag der Trächtigkeit bis zur Geburt täglich verabreicht. Im Anschluss daran sind Hündin und Welpen vollständig wurmfrei.

Die Hündin und auch die Welpen ihrer späteren Würfe bleiben dann auch wurmfrei, es sei denn, dass sich die Hündin wieder irgendwo infiziert (was natürlich sehr häufig der Fall sein kann, besonders in größeren Zuchten; bei Katzen- Mäuse- und Igelkontakten, durch das Beschnuppern fremder Hundehäufchen etc.).

Impfung der Welpen

Vor einiger Zeit impfte man die Welpen noch erstmals in der 6. Lebenswoche gegen Parvovirose. Dies tut man aufgrund neuester Erkenntnisse jetzt nicht mehr zwingend. Etwas anderes ist es, wenn Sie die Erkrankung bereits in der Zucht hatten; dann muss ein individueller Impf-Plan von Ihrem Tierarzt erstellt werden. Ebenso muss ein individueller Impfplan erstellt werden, falls die Welpen mit Ersatzmilch gefüttert werden müssen, weil z.B. die Mutterhündin bei der Geburt gestorben ist. Denn in dem Fall fehlen den Babys die mütterlichen Antikörper, die in der Muttermilch vorhanden sind.

Allgemein gilt jedoch:

Eine Welpen-Impfung ist erst sinnvoll, wenn der Titer-Wert der Welpen entsprechend niedrig ist. Solange die Welpen noch intensiv bei der Mutter saugen können, sind die maternalen Antikörper (mütterlichen Antikörper, die durch die Muttermilch aufgenommen werden) oft noch entsprechend hoch. Da aber die Hündinnen meist ab der fünften Woche nur noch selten die Welpen säugen, kann man in der sechsten oder siebenten Woche bei einem Welpen den entsprechenden Test machen. Die Wurfgeschwister haben ähnliche

Werte und der Tierarzt kann festlegen, wann der günstigste erste Impftermin sein sollte. Bei diesem Termin wird gegen Parvovirose, Leptospirose, Hepatitis, Staupe und evtl. noch gegen Zwingerhusten geimpft. Die Tollwutimpfung erfolgt erst zu einem späteren Zeitpunkt.

Hat man nun eine Impfung nach Bestimmung des optimalen Impfzeitpunktes durch den Tierarzt durchgeführt (nach Titerbestimmung), so erfolgt 4 Wochen später die Tollwutimpfung und der Hund ist für (mindestens) ein Jahr ausreichend geschützt.

Da aber die meisten Züchter diesen Aufwand nicht auf sich nehmen möchten, wird fast immer die Titerbestimmung weggelassen und nach folgendem Schema verfahren:

1. Impfung in der 8. Lebenswoche gegen Parvovirose, Leptospirose, Hepatitis, Staupe und Zwingerhusten
2. Impfung in der 12. Lebenswoche (wieder 5 bzw. 6fach-Impfung) ohne Tollwut
3. Tollwutimpfung in der 16. Lebenswoche

Viele Züchter und Welpen-Besitzer lassen in der 12. Lebenswoche komplett mit Tollwut impfen. Dies muss ebenfalls jeder für sich selbst entscheiden und sich ggf. von seinem Tierarzt dazu beraten lassen.

Eine sehr interessante Internet-Seite habe ich dazu entdeckt unter:

www.xandor-online.de/html/welpenimpfung_grundimmunisie.html

Bitte beachten Sie aber, dass dies eine private Internetseite und eine private Meinung ist!

Wer mit wem?

Zu den einzelnen Rassestandards kann ich an dieser Stelle keine Beschreibung geben. Dies wäre zu umfangreich und würde schon allein einen riesigen „Wälzer" füllen. Aber als zukünftiger Züchter eines Rassehundes kennen Sie die Vorgaben und wenn Sie in einem Zuchtverein sind, sollten vorher schon die nötigen Weichen gestellt sein. Auch wenn Sie nicht in einem Zuchtverein organisiert sein sollten, ist es wichtig, sich über die Verpaarung Gedanken zu machen.

Natürlich kann es passieren, dass eine läufige Hündin ungewollt trächtig wird, da der Rüde des Nachbarn vielleicht schneller war als sein Herrchen oder der Zaun für ihn kein Hindernis darstellte. Oder aber „Madame Tunichtgut" hat die Chance des Ausbüxens genutzt und kehrt geschwängert von ihrem Ausflug zurück. Nun, ungewollte Schwangerschaft kann eben vorkommen, aber dafür können ja die Babys nichts und auch diese sollten ihr kuscheliges Plätzchen bei Hundeliebhabern finden. Kein Hund (und auch sonstiges Tier) sollte einfach „entsorgt" werden, wenn es dem Besitzer zu viel geworden ist. Es gibt genügend Tierheime, Tierschutzvereine und sogar „Welpen-Klappen", wo das kleine Welpchen in gute Hände vermittelt werden kann, wenn Sie keinen privaten Interessenten finden.

Selbst wenn man arbeiten geht und vielleicht bei der Geburt nicht zugegen sein kann – fragen Sie bitte nach Hilfe, wenn das „Problem“ nicht familiär gelöst werden kann!

Auch ein kleiner Mischling kann geliebt werden und ist kein „schlechterer Hund“ als vielleicht ein Rassehund. Zudem ist es häufig so, dass diese Hunde oft gesundheitlich robuster als Rassehunde sind. Es gibt leider nur wenige Hunderassen, die keine oder wenige gesundheitliche Probleme haben. Dies ist mit dem oft engen Gen-Pool zu begründen.

Manche Züchtungen sind genetisch zwar so gewollt, aber eigentlich eher abzulehnen, da die betreffenden Hunde oft wegen ihrer gewünschten Zuchtmerkmale leiden. Man denke nur an die Atemprobleme gewisser schnorchelnder Rassen. Dabei meine ich vor allem auch Rassen, bei denen fast keine Geburt komplikationslos verläuft, wie z. B. bei englischer und französischer Bulldogge. Die Köpfe der Babys sind einfach so groß, dass selten eine natürliche Geburt möglich ist. Ein Kaiserschnitt ist bei einigen Hunderassen fast unumgänglich.

Die Tierärzte und tierärztlichen Kliniken können sicher ein Lied davon singen!

Ja, **wer aber nun mit wem** – werden Sie fragen. Wenn Sie züchten wollen, haben Sie ja schon mindestens eine Hündin, die sicherlich auf ihre Zuchttauglichkeit getestet worden ist.

Sind Sie Hobbyzüchter ohne „helfenden Verein", sollten Sie darauf achten, dass der Rüde auch zur Hündin passt.

Haben Sie beispielsweise eine sehr zarte Hündin, die mit ihren Maßen (können in der Rassebeschreibung im Internet nachgelesen werden) eher klein ist, sollten Sie keinesfalls einen Rüden zum Decken aussuchen, der das genaue Gegenteil von ihr darstellt. Ein Rüde sollte nicht überdimensional groß gegenüber einer Hündin ausfallen. Aber auch ein sehr zarter und kleiner Rüde ist in diesem Fall nicht das „Non-plus-Ultra", da davon ausgegangen werden kann, dass die Babys dann doch eher sehr klein und zierlich werden und vielleicht nicht einmal die „unterste Grenze" des Rassestandards erreichen. Also suchen Sie einen Rüden mit „Normalmaßen", nicht zu groß und nicht zu klein.

Allerdings muss an dieser Stelle auch gesagt werden, dass die Versorgung der trächtigen Hündin und natürlich ganz besonders auch der säugenden Hündin sowie – und das ist einer der wichtigsten Faktoren – die **Wurfstärke** einen großen Einfluss auf die Statur der Babys hat.

Ist Ihre Hündin „ungeplant“ trächtig geworden, steht die Frage: „Wer mit wem?“ nicht und man kann nur sagen: „Lassen Sie sich überraschen!“

Wer weiß, welche „Kreation“ die Natur zum Vorschein bringen wird – knuddelig und liebenswert werden die Kleinen auf alle Fälle sein!

Aber noch einmal zur Vererbung: Man kann natürlich die Weichen dafür stellen, dass man nur Hunde mit guten Zuchtanlagen miteinander verpaart. Eine Garantie dafür, dass es gelingt, gibt es aber leider niemals! Haben Sie zum Beispiel eine Hündin mit relativ kurzer Nase, die ruhig etwas länger sein könnte, werden Sie sicherlich keinen Rüden zur Zucht aussuchen, der ebenfalls eine sehr kurze Nase hat! Und haben Sie einen Rüden gefunden, der perfekt „der Nase nach“ zur Hündin passt, so können Welpen geboren werden, die dennoch die kurze Nase der Mutter geerbt haben oder aber die lange Nase des Vaters oder – Glück gehabt und der Welpe hat die „perfekte“ Nase.

Auch Welpen, die sehr gut zueinander passende Elterntiere haben, können sich völlig anders entwickeln, als man es vermuten würde. Gelegentlich kommen sogar Rassemerkmale zum Vorschein, die schon lang „weggezüchtet“, aber irgendwo in der ellenlangen Ahnenreihe noch vorhanden waren.

Und man kann sich nur wundern, wo auf einmal dies oder das herkommt – so entstehen auch teilweise neue Rassen oder „Unterrassen“, indem man solche Abnormitäten dann wieder untereinander heraus züchtet, oftmals durch gezielte Inzucht (Beispiel: Biewer Yorkshire Terrier).

Sehr viel Augenmerk bei der Zucht gilt auch der HD-Freiheit - vor allem bei schweren Hunderassen. Natürlich sollte man nur Elterntiere miteinander verpaaren, die HD-frei sind – dies ist aber noch lange keine Garantie dafür, dass die Welpen ebenfalls keine Hüftgelenksdysplasie haben werden.

Auch die Aufzucht- und Entwicklungsbedingungen können hierbei eine große Rolle spielen. Es wurde schon herausgefunden, dass Hunde, die von erblich gesunden Eltern stammten, dennoch eine HD entwickelten, weil sie zu schnell gewachsen oder zu viel und zu zeitig am Rad mitgelaufen sind. Oder es entstanden - trotz absolut gesunder Eltern - Deformierungen des Bewegungsapparates, weil sie ganztägig nur herumlagen und zu wenig Bewegung bekamen. Oder aber - es stimmt alles - und trotzdem…

Sie sehen also, dass es wichtig ist, nicht nur perfekte Elterntiere auszusuchen, sondern auch alles dafür zu tun, dass die Kleinen umsichtig aufgezogen werden. Deshalb sollte man unbedingt dem Käufer eines Welpen die richtigen Hinweise mit auf den Weg geben!

Und denken Sie daran, bei allen Bemühungen, aller Umsicht – die Natur selbst entscheidet, doch Sie können bereits viel für eine gesunde Zuchtauslese tun.

Läufigkeit und Deckzeitpunkt

Nun möchten Sie natürlich wissen, welcher Tag der einzig richtige ist. Dies kann so einfach nicht beantwortet werden, denn jede Hündin ist anders veranlagt. Um ganz sicher zu sein, kann man eine Decktagbestimmung nach dem Vorbild der Veterinärmedizinischen Universität Wien machen lassen. Dies beinhaltet eine (evtl. mehrmalige) Vorstellung der Hündin in der Tierklinik. Die notwendigen Untersuchungen kann man in drei Teile gliedern:

1. Vaginale Inspektion,

2. Zytologie des Vaginal-Abstriches,

3. Progesteron-Bestimmung.

Für die Progesteron-Bestimmung gibt es unterschiedliche Methoden. Der bei Tierärzten mögliche Schnelltest ist dabei leider etwas ungenau. Sehr genau hingegen ist die RIA-Messmethode, da hierbei die genaue Progesteron-Konzentration in nmol/l oder ng/g ermittelt wird, die für die Ermittlung des richtigen Deckzeitpunktes unerlässlich ist. Man kann aber auch der Natur ihren „freien Lauf" lassen, ganz besonders, wenn man sowohl (mindestens) eine Hündin und einen Rüden hat. Zu Läufigkeit und Deckzeitpunkt sollte man aber dennoch ausreichend informiert sein:

Die Läufigkeit der Hündin erstreckt sich auf einen durchschnittlichen Zeitraum von ca. 3 Wochen. Die erste Phase der Läufigkeit – Proöstrus genannt – ist die Anfangsphase und dauert ca. 7 bis 10 Tage. In dieser Zeit findet die Follikelreifung statt; sie dauert vom Einsetzen der Blutung bis zum Beginn der Deckphase. Die nächste Phase - Östrus – dauert ebenfalls 7 bis 10 Tage. Sie beginnt etwa 2 Tage vor der Ovulation (dem Eisprung). Das Läufigkeitsende ist ca. 6 bis 8 Tage nach dem Eisprung. Selbstverständlich kann man jetzt sagen, dass der perfekte Zeitpunkt zwischen dem 8. und dem 16. Tag der Hitze liegt, aber das wäre nicht korrekt, denn es lässt sich nicht wirklich verallgemeinern.

Daher ist es sehr wichtig, dass Sie ihre Hündin während der Hitze genauestens beobachten!

Anfangs hat die Hündin (vom ersten Tag ihrer Hitze an) einen blutigen Ausfluss, ähnlich dem der Monatsblutung der Frau. Manche Hündinnen sind sehr säuberlich und belecken sich in dieser Zeit auffällig oft ihr Genital. Manche Halter bekommen daher gar nicht mit, wann bei der Hündin die Hitze begonnen hat, sondern erst mittendrin, wenn die Blutung stärker geworden ist. Sollten Sie sich nicht sicher sein, ob die Hündin schon eine Blutung hat, so können Sie eine „Tupfer-Probe“ vornehmen. Wischen Sie vorsichtig mit einem Stück Toilettenpapier bei Ihrer Hündin die Scham aus, um Blutspuren zu erkennen.

Erst etwas dunkelrot, später weniger intensiv und heller, verschwindet die Blutung nach 7 – 10 Tagen wieder. Der Ausfluss ist jetzt gräulich-schleimig. Nun sollten Sie ihre Hündin im Auge behalten, wenn Sie keinen Nachwuchs wünschen, denn auch sonst hervorragend erzogene Hündinnen können an den „gefährlichen" Tagen schon mal zur Schwerhörigkeit neigen. Es kann aber auch passieren, dass die Hündin (für uns) merkwürdig riecht, sich aber kein Blut zeigt und auch keine Schwellung der Scham (im Züchterjargon auch „Schnalle" genannt) zu sehen ist. Das nennt sich dann „weiße Hitze" oder auch „stille Hitze". Selbst bei dieser weißen Hitze ist es möglich, dass die Hündin trächtig werden kann, denn es fehlen nur die äußeren Anzeichen, innerlich verläuft alles wie bei einer „normalen" Läufigkeit. Erfahrene Rüden erkennen den Zustand der Hündin recht schnell, auch wenn wir Menschen ihn vielleicht nicht erkannt haben. Also aufpassen! Sollte die Trächtigkeit gewünscht werden, ist es natürlich nicht ganz einfach, den richtigen Deck-Zeitpunkt zu finden, zumal manche Hündinnen auch keine Deckbereitschaft zeigen.

Die weiße Hitze kann verschiedene Ursachen haben. Ausgeschlossen werden sollte, dass die Hündin an einer Schilddrüsenunterfunktion leidet, da diese vererbt werden kann.

Hündinnen mit Hypothyreose haben sehr unregelmäßige oder lange Zyklen, Zyklusstörungen, ausbleibende Ovulationen oder geringe Wurfgrößen und sollten daher nicht zur Zucht verwendet werden. Wenn die Erkrankung aber ausgeschlossen werden kann, ist die Zucht mit einer Hündin, die gelegentlich eine weiße Hitze hat, durchaus möglich.

Einige Tage nachdem die Hündin die vaginale Blutung hatte, wird sie „stehen“, um sich einem Rüden anzubieten. Wenn man ihr über den Rücken streicht, zieht sich evtl. ihre Haut in Wellen zusammen, die Hündin wird den Rücken steif machen, den Schwanz zur Seite nehmen und ihr Hinterteil nach oben / hinten strecken. Diese Phase der Hitze nennt man „Standzeit“.

Dies ist die richtige Zeit für den **Deck-Akt.** Oftmals reicht schon ein einziger Deck-Akt für die Zeugung des Nachwuchses aus, da das Sperma des Rüden mindestens vier Tage im Körper der Hündin befruchtungsfähig bleibt. Um aber ganz sicher zu gehen, ist es besser, die Hündin wenigstens 2 – 3 Tage hintereinander zum Rüden zu bringen. Wer es ermöglichen kann, sollte die Hündin sogar so lange beim Rüden lassen, bis sie das Interesse aneinander verlieren. Dies kann 7 bis 10 Tage dauern.

Ideal ist es, wenn man regelmäßig züchtet, den Rüden mit im Haus zu haben. Zum einen kann dann beim richtigen Deckzeitpunkt natürlich nichts mehr schief gehen, denn der Rüde probiert von Beginn der Hitze an so lange, bis die Hündin endlich ihr „Okay“ gibt. Zum zweiten hat es natürlich den großen Vorteil, dass die Käufer der Babys den Papa vor Ort mit ansehen können. Der Rüde übernimmt auch einen Teil der Welpen-Betreuung und –Erziehung. Außerdem fühlen sich Hunde in einem kleinen Rudel sowieso wohler, als wenn sie einzeln gehalten werden.

Aus meiner Erfahrung heraus muss ich sagen, dass es besser ist, mindestens einen zweiten Hund zu halten. Wir haben natürlich auch erst einmal mit einem Hund begonnen, später folgte dann der zweite (und heute haben wir vier – was natürlich ein Haus mit großem Garten voraussetzt). Wir haben es nie bereut, denn so sehr man sich bemüht, dem Hund ein „menschliches Rudel“ und ausreichend Auslauf und Betätigung zu bieten, Hunde beschäftigen sich ganz anders miteinander. Das gegenseitige Jagen und Raufen (Sozialverhalten – siehe auch mein Buch „Er will doch nur spielen … Das kleine Welpen-Einmaleins“) kann man nicht vollständig ersetzen. Aber dies sei nur am Rande mit erwähnt.

Züchtern, die eigentlich eine Zuchtpause einlegen wollten, ist es allerdings auch schon passiert, dass die Hündin gedeckt worden war, obwohl sie gerade eben erst mit ihrer Blutung begonnen hatte. Man war sich sicher gewesen, die Hündin zeitig genug vom Rüden getrennt zu haben, aber es war schon passiert – 9 Wochen später waren die Babys da. Dies ist natürlich die Gefahr, wenn ein Rüde mit der oder den Hündinnen zusammen in einem Haushalt lebt. Bei einzuhaltenden Deckpausen sollte man demzufolge den Rüden zeitweise separieren, wenn die Zeit in etwa heran ist und möglichst noch bevor die ersten Blutungsanzeichen zu sehen sind! Wenn nun nicht reichlich Platz dafür ist, könnte das zu einem Problem werden. Als gewissenhafter Züchter möchte man ja auf der einen Seite Deckpausen einhalten, auf der anderen Seite aber dem Rüden nicht unbedingt „Einzelhaft" verordnen.

Daher ist es von großem Vorteil, wenn noch mehrere Hunde vorhanden sind (nichtläufige Hündinnen oder Kastraten), mit denen der Rüde in der „heißen Phase" abgelenkt werden kann. Sicherlich wird er trotzdem jaulend und maulend zur heiß begehrten Hündin wollen. Vielleicht können Sie ihn in dieser Zeit auch zu Verwandten geben, die er schon kennt und bei denen er sich wohlfühlt!

Nun aber zurück zum Decken: Jede Hündin reagiert dabei anders. Es gibt Hündinnen, die den Rüden regelrecht zum Decken animieren, indem sie an seinem Penis schnuppern oder lecken oder ihn in die Seite stupsen, dann spielerisch mit erhobener Rute vor ihm herlaufen oder gar ihrerseits auf den Rüden springen und den Deck-Akt andeuten. Sehr häufig beginnt der Deckakt mit gegenseitigem Necken und Jagen, mit spielerischem Verhalten, bis die Hündin den Rüden gewähren lässt. Rüden, die sonst nicht mit betreffender Hündin zusammen leben, versuchen „ihr Glück" oftmals sofort, ohne großes „Vorspiel". Sie sind dabei gelegentlich so aufgeregt (besonders, wenn sie noch keine Deckerfahrung haben), dass das Ganze schon mal danebengehen kann - und zwar im wahrsten Sinne des Wortes.

Der Rüde kann gelegentlich auch Probleme beim Einschieben des Penis haben, wenn die Hündin beispielsweise selbst zu aufgeregt ist, sich ab und zu hinsetzt oder nicht genug „gegenschiebt" und auch, wenn ihr Hinterteil mit filzigem Fell völlig „zugewuchert" ist. Aus diesem Grunde wäre es ratsam, schon vorher bei langhaarigen Hunden den Bereich selbst frei zu schneiden (Vorsicht, nicht verletzen!) oder zum Hundefriseur zu gehen. Sollte es tatsächlich beim ersten Anlauf nicht geklappt haben und der Rüde entleert sich neben der Hündin, ist dies kein Beinbruch.

Lassen Sie die beiden Verliebten kurzzeitig ausruhen – am besten sogar getrennt eine kleine Runde gehen und führen Sie sie nach ca. einer halben Stunde wieder zusammen.

Sie werden sicherlich zuerst miteinander tollen und spielen und dann einen neuen Versuch starten.

Manchmal kann das auch etwas länger dauern, nicht jeder Rüde probiert es so schnell noch einmal. Manche Rüden benötigen 24 Stunden der Regeneration, andere sind umgehend wieder deckfreudig. Viele Deckrüden aus größeren Zuchten – die ihre Damen ständig um sich haben – teilen sich ihre Kräfte sehr ein – sie decken oft nur ein bis dreimal täglich, mit stundenlangen Pausen dazwischen.

Also haben Sie Geduld – und achten Sie darauf, wann der Rüde wieder decken möchte!

Dann heißt es aber – aufpassen - !!! Halten Sie die Hündin vorsichtig am Halsband fest und sprechen Sie beruhigend auf sie ein – eventuell halten Sie sie auch unter dem Bauch etwas hoch und dem Rüden entgegen, denn manche Rüden penetrieren sehr heftig und schieben die – meist etwas zartere Hündin – dabei vor sich her. Gelegentlich fängt die eine oder andere etwas empfindlichere Hundedame an zu wimmern, dies ist kein Grund, das Handtuch zu werfen.

Beruhigen Sie die Hündin weiterhin durch Streicheln und sanfte Worte – hat sich die Bindung mit dem Rüden gefestigt, beruhigt sie sich meistens wieder.

Nach dem Deck-Akt „hängt" der Rüde. Der Penis ist angeschwollen und sitzt wie ein Pfropf fest. Der Rüde versucht nun häufig, sein Hinterbein über die Hündin zu bringen – helfen Sie ihm ruhig dabei. Ist dies gelungen, stehen die Hunde nun Po an Po oder auch seitlich zueinander.

Manche Hündin ist auch sehr ungeduldig und möchte die Bindung lösen, was dem Rüden natürlich Schmerzen bereitet. Wirken Sie in dem Fall ruhig auf sie ein. Es kommt auch vor, dass die Hündin sehr erschöpft ist und sich hinlegt. Wenn es dem Rüden nicht weh tut (bei kleinen Hunderassen), lassen Sie die Hündin ruhig liegen. Sie werden merken, ob es ihm unangenehm ist. Sollte das der Fall sein (er wimmert vor sich hin), besonders bei großen Hunderassen, können Sie die Hündin am Bauch etwas abstützen und damit gleichzeitig verhindern, dass sie sich hinlegt.

Sie sollten bedenken, dass das Hängen des Rüden manchmal recht lange andauern kann. Also stellen Sie sich schon vorher einen Hocker bereit, wenn Sie die Hündin stützen möchten, eine halbe Stunde gebückt dastehen oder in der Hocke zu verbringen – das ist wahrlich kein Vergnügen!

Hat sich die Bindung gelöst, werden beide Hunde erst einmal ausgiebig ihre Genitalien belecken und säubern. Vermeiden Sie, dass die Hündin gleich anschließend ein Pfützchen macht. Manche Hündin „drückt“ dabei das Sperma wieder heraus oder zumindest einen großen Teil davon. Mindestens eine Stunde lang sollte sie möglichst keine Gelegenheit haben, sich zu entleeren.

Manche Züchter schwören auch darauf, mit der Hündin anschließend „Schubkarre zu fahren“. Sie nehmen dabei die Hinterbeine der Hündin nach oben, so dass sie nur noch auf den Vorderbeinen steht, um eine bessere Aufnahme des Spermas zu ermöglichen. Ich persönlich finde dies zwar übertrieben, aber das muss jeder für sich selbst entscheiden.

Das „richtige Örtchen“

Auf die Frage „Wo soll das Ganze denn nun am besten stattfinden?“, gibt es keine allgemein gültige Antwort.

Wie Sie wissen, ist das Verhalten der Hunde sehr unterschiedlich. So gibt es Rüden, die sehr unkompliziert sind und auch relaxte Hündinnen, aber natürlich auch die etwas problematischeren Hunde.

Eigentlich sagt man, dass die Hündin zum Rüden gebracht werden soll, weil eine Hündin bei der Zusammenführung immer „das Sagen“ hat und der Rüde sich in seiner ihm bekannten Umgebung sicherer fühlt. Aber so einfach ist es dann doch nicht.

An dieser Stelle muss ich etwas aus dem Nähkästchen plaudern. Unsere Bearded-Collie-Hündin war vom Wesen her jahrelang sanftmütig, unauffällig und zurückhaltend, sogar etwas schüchtern und kein bisschen dominant. Sie hatte einen älteren, kastrierten „Herrn“ bei sich, mit dem sie sich gut verstand und auch nie Streit anfing. Er war der akzeptierte Rudel-Chef. Auch gegenüber fremden Hunden war sie sehr unterwürfig, zumindest, wenn diese ihr entsprechend gegenübertraten.

ssen hatten, sie decken zu 6 – 8 Wochen läufig, hatte weiße Hitze und anstatt sie ten uns mehrere Züchter inbar durcheinander geraten durch eine Trächtigkeit wie- rechte Lot zu bringen; eine Erkrankung war bei ihr nicht nachweisbar, keine Entzündung an den Fortpflanzungsorganen und keine sonstige organische Störung), folgten wir der allgemeinen Empfehlung. Und wir waren uns auch sicher: Zum Decken gehen wir zum Rüden, es wird keine Probleme geben!

Das war aber eben falsch gedacht: Der Rüde seinerseits war ein sehr zaghaftes, unterwürfiges Bürschlein, das zwar außer Rand und Band geriet, als man die Schönheit zu ihm brachte, aber das war es auch schon. Unsere Hündin war auf einmal das personifizierte Selbstbewusstsein und – obwohl der Rüde in seinem eigenen Revier war – ließ sie ihn nicht an sich heran. Ständig rannte sie nur aufgeregt herum, spielte auch mit ihm, aber zum Deck-Akt kam es nicht, denn wollte der Rüde aufreiten, schnappte sie nach ihm und knurrte ihn böse an. Wir waren ratlos, denn noch am Morgen hatte sie sich unserem Kastraten angeboten und wir waren uns daher bezüglich des Deckzeitpunktes sehr sicher gewesen.

Frustriert fuhren wir wieder heim, den[illegible]
din beim Rüden zu lassen, war nicht [illegible]
Kaum waren wir wieder auf unserem Grun[illegible]
bot sie sich unserem Kastraten sofort an und [illegible]
ser deckte sie auch (ja, auch das ist möglich, sog[illegible]
das Anschwellen des Penis und das - damit verbundene - Hängen, nur, dass das Ganze eben keine „Folgen“ hat).

Für den nächsten Tag bestellten wir daher den Deckrüden zu uns und … siehe da … alles klappte bestens. Nach einigem Schäkern, wilden Renn- und Raufspielen, blieb sie endlich stehen und ließ den Rüden gewähren.

Dieses Beispiel soll zeigen, dass man auch bei der Wahl des richtigen Ortes total danebenliegen kann und ausprobieren muss, wo es am besten klappt. Ideal ist es natürlich immer, wenn einer der Hunde in der ihm bekannten Umgebung verbleibt. Hat man eine sehr dominante Hündin, so ist es oft von Vorteil, wenn sie zum Rüden gebracht wird. Ist der Rüde sehr dominant, klappt es vielleicht besser in der Umgebung der Hündin. Ein Rüde mit reichlich Deckerfahrung wird außerdem nicht so schnell aufgeben, denn er „weiß, was von ihm erwartet wird“.

Ein zurückhaltender „Beta“-Rüde wird es natürlich auch versuchen, egal, wo der Ort des Geschehens ist; geben Sie ihm einfach die nötige Unterstützung und halten Sie die Hündin am Halsband fest.

Sollte sie zu sehr knurren und den Rüden abwehren wollen, so kann es sein, dass der richtige Zeitpunkt noch nicht gekommen ist. Aber auch darauf kann man sich leider nicht verlassen, denn manche Hündinnen haben sich einfach besonders zickig.

Gelegentlich kann es sogar helfen, die Hunde kurze Zeit unbeobachtet in einem Raum allein zu lassen. Wie ich aus Züchterkreisen weiß, gibt es durchaus Rüden, die keine Ablenkung durch Zuschauer dulden. Das sind die Heimlichtuer, die die Zeit der Abwesenheit von Herrchen oder Frauchen nutzen und unbeobachtet decken. Schauen Sie aber ruhig alle 10 - 15 Minuten nach, damit Sie sich sicher sein können, ob es geklappt hat oder nicht.

Das Decken an sich dauert bis zum Samenerguss oft nur einige Sekunden. Da der Rüde danach aber noch eine ganze Weile hängt, dürften Sie bei diesem Intervall der Beobachtung den Deck-Akt noch feststellen können.

Männlicher oder weiblicher Nachwuchs?

Das wüssten natürlich viele Züchter gern und ganz besonders, ob man darauf Einfluss haben kann:

An dieser Stelle müssen wir ein paar Daten des Biologie-Unterrichts in unser Gedächtnis zurückrufen. Wie Sie sicher noch wissen, werden weibliche Chromosomen XX-Chromosomen und männliche XY-Chromosomen genannt. Während im gesamten Körper Zellteilungen stattfinden, erfolgt bei der Reifung von Eizellen und Samenzellen eine **Chromosomenreduktion**, sodass die reife Eizelle der Hündin nur noch ein X-Chromosom und die reife Samenzelle des Rüden nur noch ein **X oder Y**-Chromosom aufweist. Bei der Verschmelzung von Ei und Samenzelle entsteht daraufhin wieder ein entsprechendes Chromosomenpaar, das entweder XX für weiblich oder XY für männlich ergibt. Wie Sie daraus folgern können, ist also allein der Rüde dafür „verantwortlich", ob es männlichen oder weiblichen Nachwuchs gibt (während die Hündin über die Anzahl des Nachwuchses in Form von reifen Eizellen „entscheidet").

Den Theorien zufolge müssten also aufgrund der Aufspaltung der männlichen Keimzellen genauso viele männliche wie auch weibliche Nachkommen geboren werden.

In der Praxis sieht es allerdings anders aus. Zeitweilig überwiegt der männliche Nachwuchs. Mittlerweile weiß man relativ zuverlässig, dass der unterschiedliche Reifungsgrad von männlichen und weiblichen Samenzellen, aber auch die Vaginal-Flora der Hündin (Säure-Basen-Verhältnis) Einfluss auf das Geschlecht der Welpen haben.

Auch der Ovulationszeitpunkt kann dabei eine große Rolle spielen. So wird angenommen, dass reife männliche Samenzellen in ihrer Fortbewegung deutlich schneller sind als die weiblichen und eine bereits „wartende" ovulierte Eizelle daher als erstes erreichen. Sollte die Ovulation noch nicht stattgefunden haben, so haben die weiblichen Samenzellen eine größere Chance, da sie länger befruchtungsfähig bleiben. Im Klartext heißt dies, dass voraussichtlich mehr Rüden geboren werden, wenn die Hündin nur am Tag des Eisprungs gedeckt wird.

Haben wir nun Rüden und Hündin während der gesamten „Stehphase" zusammengelassen, ist die Wahrscheinlichkeit des Verhältnisses von jeweils 50 Prozent entsprechend gestiegen.

Kleiner Tipp: Lassen Sie sich überraschen, denn auch ein Ultraschall-Bild kann meist nicht wirklich die gewünschte Auskunft bringen!

Stadien der Entwicklung im Mutterleib

Entwicklungsstadien während der Trächtigkeit

1. Trächtigkeitswoche (1. bis 7. Tag): Die Eizellen „warten" im Eileiter auf ihre Befruchtung.

2. Trächtigkeitswoche (8. bis 14. Tag): Die befruchteten Eizellen reifen, teilen sich und entwickeln sich zu Blastozysten. Die Hündin kann jetzt zu morgendlicher Übelkeit neigen.

3. Trächtigkeitswoche (15. bis 21. Tag): Die Blastozysten lagern sich in der Gebärmutter (in den Uterushörnern) an und verbinden sich mit der Gebärmutterschleimhaut.

4. Trächtigkeitswoche (22. bis 28. Tag): In dieser Phase entwickeln sich die Embryonen rasend schnell. Alle Organe werden angelegt. Bei der Hündin kann man evtl. einen zähflüssigen, klaren Schleim an der Scham beobachten. Der Ultraschall zeigt die Embryonen und man kann schon den Herzschlag sehen. Tastet der Tierarzt die Hündin ab, so kann er etwa walnussgroße „Widerstände" erfühlen.

5. Trächtigkeitswoche (29. bis 35. Tag): Der Körper der Föten differenziert sich und man könnte mit einem guten Ultraschallgerät nicht nur Kopf,

Rumpf, Augenanlage und Pfötchen, sondern sogar schon das Geschlecht sehen.

6. Trächtigkeitswoche (36. bis 42. Tag): Das Skelett der Föten beginnt zu kalzifizieren und wäre nun auch im Röntgen darstellbar. Dies sollte aber noch nicht erfolgen (möglichst erst zu einem späteren Zeitpunkt, wegen der Strahlenbelastung, die zellschädigend ist).

7. Trächtigkeitswoche (43. bis 49. Tag): Ab jetzt sind die Welpen schon recht gut unter der Bauchdecke tastbar, zumindest, wenn die Hündin entspannt auf der Seite liegt. Schwieriger ist es, wenn nur 1-2 Welpen im Bauch sind. Die Zitzen der Hündin schwellen an. Bei einigen Hunderassen beginnt das Bauchfell der Hündin auszufallen.

8. Trächtigkeitswoche (50. bis 56. Tag): Der Körper der Welpen und sämtliche Organe sind nun ausdifferenziert, die Körperbehaarung vollständig vorhanden. Sollte die Geburt nun (etwas vorzeitig) stattfinden, sind die Welpen schon bedingt lebensfähig. Ab diesem Zeitpunkt ist das Röntgen ohne fruchtschädigende Wirkung möglich. Doch jede Strahlenbelastung sollte nach Möglichkeit vermieden werden, weshalb ein Röntgen aus reiner Neugier heraus nicht anzuraten ist.

9. Trächtigkeitswoche (57. bis 63. Tag): Die Entwicklung der Föten ist abgeschlossen. Die Geburt kann nun täglich erfolgen.

Kurzfassung:

Entgegen den meisten Haustieren verbleibt beim Hund die befruchtete Eizelle sehr lange im Eileiter. Nach ca. 9 Tagen schwimmt sie frei in einem der beiden Uterushörner und lagert sich erst etwa am 14. /15. Tag im Uterus an. Am 30. Tag – zum Ende der Embryonalphase – sind alle Organe angelegt. Der Körper des Fetus ist ca. am 52. Tag ausdifferenziert und besitzt die vollständige Körperbehaarung. Einzelne Organe entfalten sich aber erst nach der Geburt bzw. reifen dann noch wie z. B. die Lunge und auch die Verzweigungen des Gehirns.

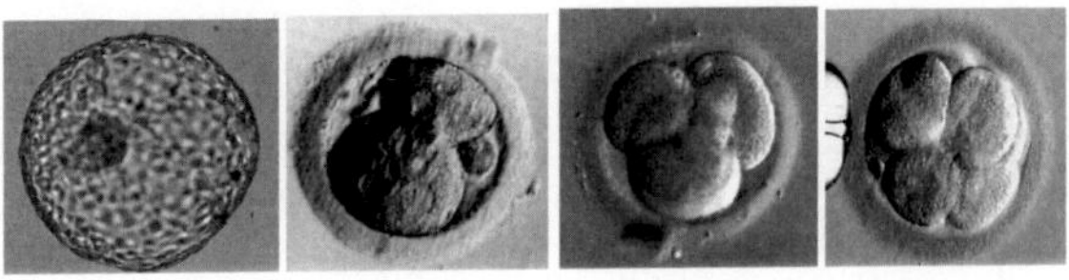

Entwicklung der Eizelle zur Blastozyste

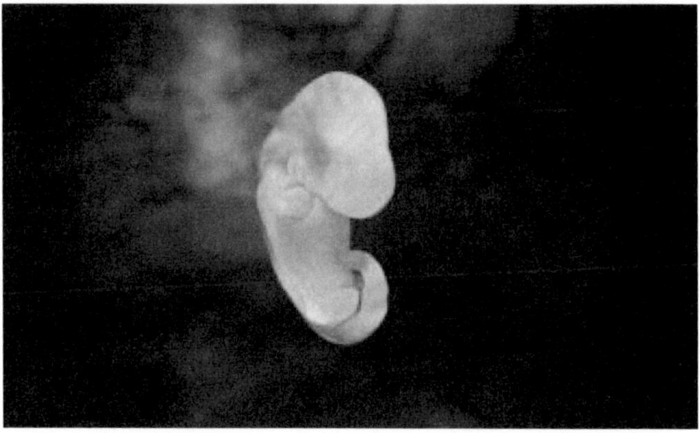

Hundeembryo, 25 Tage alt

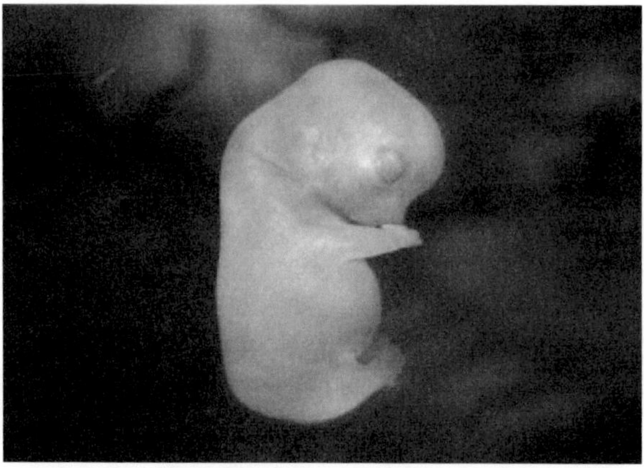

Hundefötus, 35 Tage alt

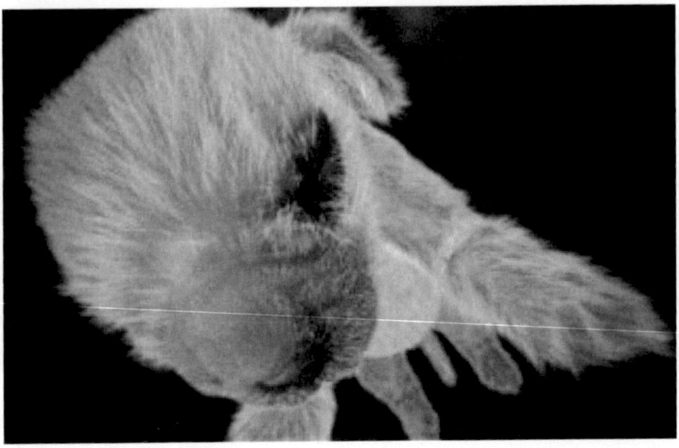

Fötus eines Hundes am 55. Trächtigkeitstag

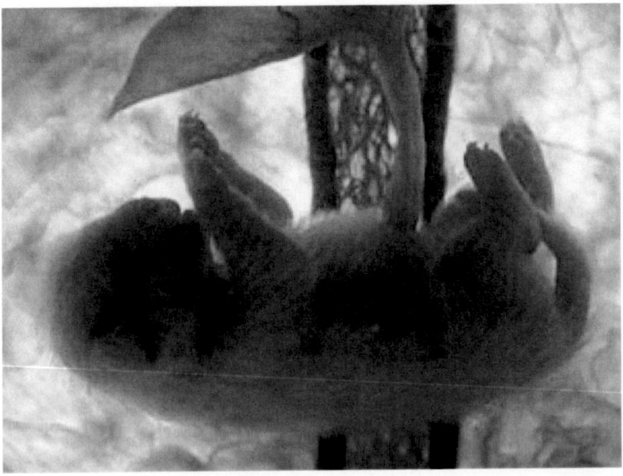

Hunde-Fötus kurz vor der Geburt

Trächtigkeit und die Gefahr von Infektionen

Nun hat es vermutlich geklappt und Ihre Hündin ist trächtig. Oder doch nicht?

In den ersten beiden Dritteln der Trächtigkeit sieht man der Hündin zumeist nichts an. Es gibt zwar hin und wieder Hündinnen, die vielleicht in den Tagen nach der Belegung unter gelegentlichem Erbrechen leiden oder auch das Futter verweigern, aber das kommt nicht sehr häufig vor. Einen gesteigerten Appetit haben die Damen zu Beginn der Trächtigkeit meist nicht. Erst im letzten Drittel der Schwangerschaft „schlagen“ die meisten Hündinnen richtig zu.

An dieser Stelle muss ich auf die möglichen Auswirkungen einer Herpesinfektion bei Hündinnen hinweisen:

Es ist nicht weiter tragisch, wenn man einen erwachsenen Hund hat, der mit diesem Virus infiziert ist – die „Gefährlichkeit“ ist hier ähnlich dem Herpes-Virus beim Menschen. Verheerende Folgen kann es aber für eine trächtige Hündin bzw. deren Nachwuchs haben.

Aufgrund von Geburtsstress kann der im Körper der Hündin schlummernde Herpes-Virus wieder aktiv werden und die Welpen werden bei der Geburt infiziert.

Stellen Sie sich vor, Sie haben eine „junge Mutter“ mit zuckersüßen Welpen und nach und nach sterben Ihnen die Kleinen weg. Sie sind sich sicher, dass Sie in der Aufzucht nichts falsch machen und dennoch ist es passiert! (Sehr häufig gibt es dieses „Welpen-Sterben“ bereits in den ersten Tagen nach der Geburt.) Oder Sie haben die Babys schon „aus dem Gröbsten“ heraus, es sind 21 Tage vergangen, alle erscheinen propper und gesund und Sie geben den Kleinen ihre erste feste Welpen-Mahlzeit – plötzlich stirbt eines oder gar mehrere. Nun könnte man denken, dass das an der neuen Nahrung liegen muss. Aber das ist nur in den seltensten Fällen die Ursache, zumindest, wenn Sie richtige Welpen-Kost aus dem Fachhandel gefüttert haben. Ursache kann auch hier der Herpes-Virus sein. Er verursacht nicht selten ein Welpen-Sterben bis in die 8. Lebenswoche der Babys. Eine befreundete Züchterin hat mir von einem ihrer Würfe erzählt:

Ein Tierarzt hatte ihr gesagt, dass man nicht bei jeder Trächtigkeit gegen Herpes impfen müsse, bei jeder zweiten zu impfen würde ausreichen.

Eine ihrer Doggen-Hündinnen – diesmal nicht gegen Herpes geimpft - bekam 13 wunderschöne Babys. Fast jeden Tag starb eines oder gar mehrere und nach 10 Tagen gab es in ihrem Garten 13 kleine Erdhügelchen mehr … und eine trauernde Doggen-Hündin.

Eine andere Hündin von ihr – zur gleichen Zeit trächtig und ebenso nicht geimpft – hatte sonst immer eine Wurfstärke von 6 – 8 Babys, diesmal waren es nur drei. Zum Glück haben diese Kleinen aber überlebt. Seit die Züchterin nun regelmäßig impfen lässt, gibt es diese Probleme nicht mehr!

Züchter, die nicht geimpft hatten, erzählten mir, es wären anfänglich beim Ultraschall fünf Embryonen zu sehen gewesen und geboren wurden dann doch nur drei Babys. Völlig irritiert waren sie daher nach der Geburt beim Kontroll-Ultraschall. Dort konnte man keine zwei weiteren Babys mehr sehen – ansonsten war alles bestens. Nun kann man das aber nicht immer unbedingt auf den Herpes-Virus zurückführen. Dieses Phänomen gibt es leider sehr häufig – ich selbst habe es erst erleben müssen und war schockiert. Allerdings hatte ich gegen Herpes geimpft! Diesbezüglich habe ich sehr intensiv recherchiert.

Manche Tierärzte weisen leider ihre Züchter nicht auf die Möglichkeit der Impfung hin und auch nicht auf die Gefahren, die die Infektion mit dem Herpes-Virus mit sich bringen kann.

Kürzlich habe ich sogar mit einer künftigen Tierärztin diskutiert, die derzeit noch mitten im Studium ist; sie sollte auf ihrer Universität speziell danach fragen. Der Dozent wusste aber nichts darüber und bezweifelte sogar, dass es einen Zusammenhang geben könnte.

Nun bin ich kein Tierarzt und habe gleich gar nicht Studien mit entsprechenden Probanden durchgeführt. Ich spreche daher nur im Namen von Züchtern, die mir ihre – oftmals jahrelangen - Erfahrungen geschildert haben und orientiere mich an öffentlich zugänglichen Berichten. Dazu später mehr.

Die Herpes-Impfung muss zweimal während einer Trächtigkeit erfolgen. Die erste Spritze bekommt die Hündin – wie bereits erwähnt – bis zum 10. Tag nach dem (1.) Deck-Tag (auch darüber streiten noch die Geister – gelegentlich wird gesagt, man solle vom Beginn der Hitze bis maximal zum 7. Tag nach der letzten Belegung impfen) und dann 14 bis 7 Tage vor der Geburt noch einmal.

Nun kann man sich ja leider nicht immer ganz sicher sein, wann denn der Geburtstermin tatsächlich ist, auch wenn man genau weiß, wann die Hündin gedeckt wurde. Daher errechnen viele Züchter immer den 63. Tag vom ersten Deck-Tag an und gehen eine Woche vor diesem Termin zum Tierarzt.

Denken Sie aber bitte schon bei Beginn der Hitze Ihrer Hündin daran, Ihren Tierarzt rechtzeitig zu informieren, denn er wird möglicherweise den Impfstoff nicht vorrätig haben und muss ihn erst bestellen. Das kann einige Tage (bis zu einer Woche) dauern!

Allerdings ist die Herpes-Impfung eine nicht gerade kostengünstige Angelegenheit, zumal sie ja unbedingt zweimal kurz hintereinander erfolgen muss.

An dieser Stelle möchte ich zusammenfassend meine Recherche darstellen:

- Der Herpes-Virus ist der hauptsächliche Grund für ein Welpen-Sterben bis zur 8. Woche nach der Geburt, wenn die Hündin infiziert ist. Herpes selbst kann nicht geheilt werden, die ungeimpfte Hündin wird immer eine Gefahrenquelle für ihre Welpen darstellen.
- Herpes kann nicht nur zu Totgeburten oder pränatalen Todesfällen führen, sondern auch zu Missbildungen bei Welpen.
- Auch bei geimpften Hündinnen kann eine Resorption von nachweislich dargestellten Welpen (durch Ultraschall oder Röntgen) bis kurz vor der Geburt erfolgen – dies ist kein Ammenmärchen, sondern leider Tatsache. Die Gründe dafür sind scheinbar vielfältig. So wird angenommen, dass auch einfache Veränderungen beim Züchter oder das ständige Aufsuchen von Tierärzten, das Röntgen oder der Ultraschall selbst (Hündin wird z. B. geschoren und auf den Rücken oder die Seite gelegt und fixiert) so viel Stress bei der Hündin hervorrufen kann, dass sie die Welpen wieder

resorbiert. Auch eine BHS-Infektion sei hier als mögliche Ursache erwähnt. Dazu an späterer Stelle mehr.

- Es ist auch möglich, dass eine Impfung erst Krankheiten auslöst, die vorher nicht vorhanden waren. Diese Information habe ich aber nicht zur Herpes-Impfung bei Hunden recherchiert, sondern bei der kombinierten Herpes-Impfung von Pferden, das möchte ich an dieser Stelle betonen! Nun frage ich mich natürlich als gewissenhafter Züchter, ob es da nicht vielleicht Ähnlichkeiten beim Hund gibt. Nun, Sie sollten sich dazu Ihre eigene Meinung bilden – gern können Sie im Internet dazu nachlesen unter: www.borna-borreliose-herpes.de/herpes/herpestiter.html

Bezüglich der Herpes-Impfung sollte daher jeder für sich entscheiden, was zu tun ist: Haben Sie nur eine Hündin und diese keinen Kontakt zu anderen Hunden, können Sie auch einen Bluttest machen, um Sicherheit zu erlangen. Dies kann durch eine Titer-Bestimmung (Antikörper) erfolgen, die allerdings nicht hundertprozentige Klarheit gibt.

Ist der Titer-Wert bei einer ungeimpften Hündin hoch, bedeutet das, dass die Hündin eine akute Infektion oder einen Schub hat. Die Interpretation der Titer-Werte ist schwierig.

Eine sicherere Methode ist der PCR-Test, bei dem nach Virusanteilen bzw. viraler DNS „gefahndet" wird. Diese molekularbiologische Testmethode, bei der auf einer Zellkultur die Virusanzucht erfolgt, kann Erbinformationen des Erregers nachweisen.

Allerdings muss beim Rüden vor dem Decken dann ebenso ein Test gemacht worden sein, denn der Virus ist auch durch den Sexualkontakt übertragbar, neben der Tröpfcheninfektion. Die Kosten sowohl für das eine als auch das andere (muss dann auch wieder vor jeder Trächtigkeit neu gemacht werden) werden sich in etwa die Waage halten.

Leider ist eine Infektion mit dem Herpes-Virus nicht die einzige Ursache für mangelhafte oder ausbleibende Zuchterfolge. Auch andere Erkrankungen können dazu führen, dass z. B. eine Hündin nicht aufnimmt oder gar die Föten resorbiert.

Ganz besonders zu erwähnen ist hier eine durch Streptokokken hervorgerufene Uterusinfektion. Der Name des Erregers lautet „Beta-Hämolytische Streptokokken Typ Lancefield G und L", kurz BHS-Infektion genannt.

Mögliche Auswirkungen der BHS-Infektion können sein:

Veränderter Läufigkeitszyklus:

- Die diöstrale Läufigkeit der Hündin findet nicht aller sechs Monate statt, sondern liegt zwischen zwei und zwölf Monaten. Es ist auch möglich, dass der Eintritt der ersten Läufigkeit einer Junghündin weit später ist, als beim Durchschnitt dieser Rasse oder aber gar nicht stattfindet.
- Auch eine deutlich kürzere oder längere Hitze als normal kann eine Folge sein und bedarf deshalb unbedingt einer tierärztlichen Abklärung.

Sterilität:

- Infektion der Ovarien mit der Folge missgebildeter oder nicht reifender, evtl. auch unfruchtbarer Eier sowie Ausbleiben der Ovulation
- Infektion der Uteruswand, wodurch die Einnistung der Embryonen nicht möglich ist
- Infektion der Eileiter; durch ihre hieraus resultierende Verengung können die Eier nicht mehr absteigen

Resorption oder Abort der Welpen:

- Resorption: Hündinnen, die nachweislich trächtig geworden sind, haben anfangs alle Anzeichen einer Schwangerschaft und die Föten sind eventuell bereits sogar gut tastbar. Durch eine Infektion werden die Föten nur noch mangelhaft durchblutet, sie lösen sich von der Uteruswand, schrumpfen, sterben ab und werden dann wieder vom Körper der Hündin resorbiert. Der Hündin ist dabei meist äußerlich nichts anzumerken – nur bei Hündinnen, deren Bauch schon eine gute Rundung gezeigt hat, kann man sehen, wie dieser nach und nach dünner wird. Hündinnen, die bereits „den Schongang eingelegt hatten", werden plötzlich wieder mobil und von ihrem Verhalten her so wie vor der Trächtigkeit. Häufig findet die Resorption der Welpen in der vierten oder fünften Trächtigkeitswoche statt (möglich ist das aber auch länger – sogar von einer Resorption bis zum 50. Trächtigkeitstag wurde berichtet).
- Abort: Die trächtige Hündin verliert die Föten, die sich ebenfalls von der Uteruswand gelöst haben und scheidet sie aus. Häufig geschieht dies unbeobachtet.

In diesem Fall kann man oft einen vaginalen Ausfluss beobachten, der mit Unwohlsein, gelegentlich aber auch Fieber einhergeht.

Ein Abort kann infektiöse, aber auch nichtinfektiöse Ursachen haben, wie z. B. mechanische Verletzungen (dazu gehört ein unbeabsichtigter Stoß oder ein Sprung aus zu großer Höhe), unverträgliche Medikamente, Fehlentwicklung der Welpen, Infektion mit Pilzen oder Parasiten.

Infektiöses Welpensterben

Das Welpensterben hat in diesem Fall nichts mit der Herpesvirusinfektion zu tun. Während der Trächtigkeit und auch zur Geburt ist der Hündin nichts anzumerken und es werden augenscheinlich gesunde Welpen geboren. Die Infektion der Welpen erfolgt erst über die Muttermilch. Die Welpen werden trotz ausreichender Laktation der Mutter immer schwächer, können schließlich nicht mal mehr saugen. Sie verlieren Gewicht, statt weiter zuzunehmen und haben eine blau-rote Bauchhaut. Innerhalb weniger Stunden können die Welpen sterben, wenn ihnen kein Antibiotikum verabreicht wird (und natürlich der Mutterhündin ebenso).

Oft ist eine räumliche Trennung der infizierten Mutter von ihren Welpen sowie eine folgende Flaschenaufzucht unumgänglich.

BHS bei Rüden:

Beim Rüden ist selten eine aufsteigende Infektion vorhanden, aber nicht ausgeschlossen. Er ist oftmals nur der Überträger von BHS, wenn er zuvor eine infizierte Hündin gedeckt hat. Der Erreger stirbt meistens innerhalb von 2 Tagen ab, da er für seine Entwicklung scheinbar das warme Milieu des weiblichen Genitals benötigt. Rüden, die in dieser Zeit eine weitere Hündin decken, stecken diese an. Haben sie jedoch eine längere Deckpause, wird die neue Hündin meist nicht mehr infiziert. Lebt allerdings ein Rüde mit mehreren Hündinnen zusammen, von denen eine infiziert ist, so kann BHS dennoch übertragen werden, auch wenn kein Sexualkontakt stattfindet. Das Belecken der Genitalien reicht für eine Übertragung ebenso aus. Hündinnen können sich auch (ohne Rüden) untereinander infizieren, wenn sie sich beim Harnlassen auf die gleiche Stelle hocken und das Genital Kontakt mit der benetzten Stelle hat.

Lassen Sie daher Ihre Zuchthunde unbedingt auf BHS untersuchen, wenn Sie mindestens eines der folgenden Symptome aufweisen:

- Veränderter Läufigkeitszyklus und / oder –dauer
- Vaginaler Ausfluss außerhalb der Hitze
- Unfruchtbarkeitsverdacht: Hündin bleibt mehrere Zyklen hintereinander leer, trotz mehrfacher Belegung
- Resorptionsverdacht: Hündin zeigte erst eindeutige Trächtigkeitssymptome, Welpen wurden nicht geboren (bzw. mehrere waren im Ultraschall ersichtlich, weniger oder keines wurde geboren z. B.)
- Abortverdacht: Hündin zeigte Graviditätssymptome, nach abnormem Scheidenausfluss verschwinden diese
- Erhöhte Temperatur oder Fieber während der Trächtigkeit, Appetitlosigkeit und allgemeine Mattigkeitserscheinungen
- Nach der Geburt augenscheinlich gesunde und kräftige Welpen beginnen zu schwächeln, trinken nicht, nehmen evtl. ab.

Möglichkeiten der Diagnose durch:

1. Scheidenabstrich: mindestens zweimal im Abstand von einigen Tagen (möglichst vor Beginn der Hitze bzw. geplanten Belegung der Hündin / bei größerem Zuchtbestand Abstrich bei allen Hündinnen!)
2. Wurde erst durch das Welpensterben Verdacht geschöpft, sollten bereits verendete Tiere und auch die Milch der Hündin klinisch untersucht werden.

Therapie:

Um das richtige Antibiotikum einsetzen zu können, muss der Tierarzt eine genaue Blutuntersuchung veranlassen, um herauszufinden, gegen welches evtl. Resistenz besteht. Dies geschieht in einem Speziallabor, das ihn nach Klärung des klinischen Status über die Möglichkeit des Einsatzes der entsprechenden Medikation informiert. Hat die Hündin bereits geworfen, müssen die Welpen separiert und mit behandelt werden und Ersatzmilch erhalten.

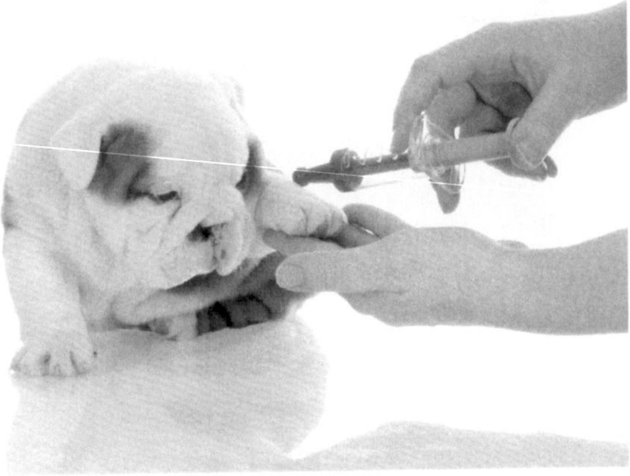

Auch die Welpen müssen behandelt werden.

Trächtigkeitsverlauf

Wenn Sie sich nicht sicher sind, ob es nun „geklappt“ hat, können Sie im ersten Drittel der Schwangerschaft zum **Ultraschall (Sonografie)** gehen. Dort kann man die Fruchtanlagen bereits ab dem 17. Tag recht gut sehen. Sicherer ist allerdings der Ultraschall ab dem 25. Tag. Ab dem 28. Tag kann man auch zählen, wie viele pochende Herzchen zu sehen sind. Allerdings gibt auch der Ultraschall keine absolute Sicherheit bezüglich der Welpen-Anzahl. Befindet sich z. B. ein Fötus vom Schallkopf aus betrachtet hinter einem anderen, so wird nur der erste Fötus dargestellt. Manchmal stirbt auch noch einer ab, z. B. bei Entwicklungsstörungen. Auch wenn viele das nicht so sehen, das ist von der Natur her gut „eingerichtet“, denn wer möchte schon einen behinderten Hund?!

Auch ein Abtasten des Bauches durch den Tierarzt kann Ihnen Antwort auf die drängende Frage bringen. Der Tierarzt tastet dabei den Abdomen der Hündin ab – dies ist aber erst ab dem 21. Tag möglich, besser noch ab dem 28. Tag der Trächtigkeit und sollte mit größter Vorsicht erfolgen.

Eine weitere Möglichkeit ist ein Schwangerschaftstest oder **Relaxin-Test** (hat nichts mit dem Urintest zu tun, den Frauen zur Bestätigung ihrer Schwangerschaft nutzen).

Allerdings kann man diesen erst ab dem 28. Trächtigkeitstag durchführen und er ist nicht immer ganz sicher (z. B. falsch-negatives Ergebnis, weil die Hündin mehrere Tage gedeckt wurde, die Befruchtung erst spät stattfand und der „richtige“ 28. Tag nach dem Eisprung noch gar nicht erreicht wurde.) Auch kann man bei diesem Test natürlich keine Aussage zur Anzahl der Fruchtanlagen abgeben. Erfragen Sie die Kosten hierfür bei Ihrem Tierarzt und überlegen Sie, ob eine Sonografie nicht vielleicht die bessere und sicherere Methode zur Trächtigkeitsfeststellung ist.

In manchen Tierkliniken wird erst eine allgemeine Untersuchung gemacht, dann der Hündin das Bäuchlein freigeschoren und erst dann der Schallkopf auf den Abdomen gelegt. Klären Sie die Kosten und den Untersuchungsumfang bereits vorher ab.

Jetzt aber weiter zum Trächtigkeitsverlauf:

Die wenigsten Hündinnen reagieren zu Beginn der Trächtigkeit mit **Erbrechen oder Futterverweigerung**. Aber durch die Hormonumstellung des Körpers kann dies doch vorkommen. Sie als Züchter brauchen im ersten Drittel der Schwangerschaft nichts anders machen als sonst auch. Gelegentlich gibt es Hündinnen, die in dieser Zeit vielleicht **etwas mehr schlafen**, auch das ist kein Grund zur Besorgnis.

So wie jede Frau auf eine Schwangerschaft anders reagiert, ist dies auch beim Hund der Fall. Meist verläuft diese Zeit komplikationslos.

Bis zum Ende der 5. Woche / Beginn der 6. Woche kann man bei vielen Hündinnen noch keine Veränderungen am Bauchumfang feststellen. Bei Hündinnen, die eine „sportliche Figur“ haben, bemerkt man ab und an, dass der Bauch ein wenig weicher geworden ist. Nur die sowieso schon runderen Damen haben evtl. mehr Bäuchlein.

Manche Hündin wird im zweiten Drittel der Trächtigkeit etwas mäkelig, andere wieder fressen deutlich besser und schon etwas mehr als sonst und wieder andere sind sogar plötzlich sehr gierig und fressen sehr schnell, erbrechen dann aber kurz danach. Selbst ein regelmäßiges Erbrechen, z. B. kurz nach dem Trinken, ist nicht unbedingt ungewöhnlich. Dennoch sollten Sie ihren Tierarzt befragen. Für Hündinnen, die **besonders viel und hastig trinken**, gibt es einen kleinen Trick: Unterbrechen Sie das Saufen, nehmen Sie die Hündin auf den Schoß, wenn es deren Größe zulässt und geben Sie ein Leckerchen. Köpfchen nach oben halten und streicheln.

Erst nach einigen Minuten lassen Sie die Hündin wieder an den Trinknapf gehen. Schlürft sie wieder so gierig, das Ganze unterbrechen und wiederholen.

Hündinnen mit „normaler“ Figur kann man ruhig den Napf immer gut gefüllt lassen (Trockenfutter), damit sie je nach Appetit fressen können. Bei den etwas runderen Damen sollte man allerdings ein Zuviel vermeiden. Ab der 5./ 6. Woche müssen aber auch diese Pummelchen mehr bekommen.

Erst im letzten Drittel der Trächtigkeit frisst die Hündin richtig gut (manche in der letzten Woche vor der Geburt aber nur noch so viel, wie sie selbst benötigt) und wird natürlich jetzt auch zusehends runder. Bei manchen Mädels ist man sich bis zum Schluss nicht ganz sicher, wenn man nicht evtl. schon einmal beim Ultraschall war. Gerade bei Hündinnen, die nur 1 – 3 Welpen im Bauch haben, könnte es sein, dass man bis zur 8. Woche so gut wie nichts sieht oder fühlt.

Sie sollten Ihrer Hündin in dieser Zeit besonders gutes Futter geben. Langjährige Züchter empfehlen hier eine Welpen-Aufbau-Kost und haben damit schon beste Erfahrungen gemacht. **Welpen-Nahrung** ist zum einen sehr gut verträglich und hat zum anderen sehr viele Inhaltsstoffe, die den Knochenaufbau fördern und natürlich viele Vitamine. Die Hündin braucht diese zusätzlichen Inhaltsstoffe dringend, damit sie selbst nicht abbaut und auch die in ihr reifenden Babys nicht mangelernährt werden.

Nachfolgende Tabelle soll Ihnen verdeutlichen, wie sich der Nährstoffbedarf der Hündin verändert. Hat die Hündin ständig ausreichend Welpen-Trockenfutter im Napf, wird sie sich von allein entsprechend ihres Bedarfes „bedienen".

Diese Grafik verdeutlicht den Energiebedarf während der Trächtigkeit:

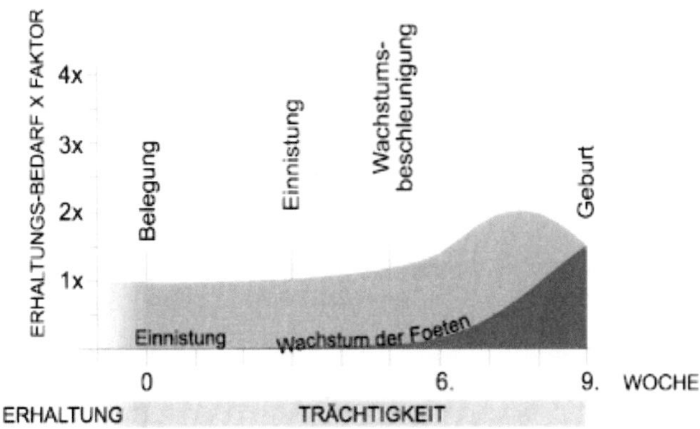

Zum Ende der fünften Trächtigkeitswoche verändert sich der Energiebedarf der Hündin sehr deutlich. Sie lagert vermehrt Fett ein, das für die spätere Milchbildung benötigt wird, die Gebärmutter wächst, ebenso die Milchdrüsen und natürlich benötigen auch die Föten mehr Energie.

Aber es gilt nunmehr nicht nur, den Energiebedarf in Form von **Fetten und Kohlenhydraten** zu decken, sie benötigt ebenso **hochwertige Proteine**.

Der Proteinbedarf steigt im letzten Drittel der Trächtigkeit auf etwa das Doppelte! Hat die Hündin zu wenig hochwertiges Eiweiß zur Verfügung, so könnte sie eventuell untergewichtige Welpen zur Welt bringen.

Auch der **Mineralstoffbedarf** steigt während der Trächtigkeit enorm. Genügend **Kalzium und Phosphor** sind für den Knochenaufbau der Welpen notwendig – zu wenig davon kann Deformierungen zur Folge haben oder bei der Hündin selbst zu Folgeerkrankungen führen.

Ein **Eisen**mangel – beispielsweise hervorgerufen durch zu fettes oder kohlenhydratreiches Futter und / oder zu viele Milchprodukte – kann zu Blutarmut und Herzvergrößerung führen und ebenfalls eine höhere Infekt-Anfälligkeit bewirken. Ausreichend Eisen im Körper ist außerdem notwendig für einen guten Sauerstoff-Transport. Aber Vorsicht: zu viel Eisen kann zu Abmagerung und sogar zum Tod führen! Ganz wichtig sind zudem die **Vitamine A, B 12, E und D** (und weitere). Aber auch hier ist Vorsicht geboten: Eine Überdosierung von Vitamin D kann zu gefährlichen Einlagerungen in den Herzkranzgefäßen führen!

Wie Sie erkennen können, ist es sehr schwierig, eine „hausgemachte" Futterzusammenstellung in perfekter Weise zu dosieren.

Daher sollten Sie wirklich nur auf das schon genannte Welpen-Aufbaufutter oder direkt auf Futter für trächtige Hündinnen zurückgreifen.

Gern wird auch von Züchtern ein- bis zweimal pro Woche (ab der 5. Woche) folgende **Zusatzkost** angeboten:

- Haferflocken, in Wasser vorgequollen bzw. gekocht
- dazu ein Ei und ein Teelöffel Sonnenblumenöl
- eine geriebene Karotte oder Karottensaft
- Magerquark

Für eine kleine Hündin (Bologneser, Havaneser, Westi, Yorki etc.) ist eine kleine Portion (ca. zwei Esslöffel dieser Mischung) völlig ausreichend, bei einer großen Hündin (wie zum Beispiel Dogge, Golden Retriever, Boxer o. ä.) kann es gern eine komplette 500 g-Packung Quark + … sein.

Mineralmischungen in Tablettenform helfen der Hündin ebenfalls über die „schwere Zeit“ (bitte nur vom Tierarzt beziehen für trächtige Hündinnen). Sie können diese in einem Stückchen Leberwurst (oder was ihre Hündin sonst so mag) reichen. Lassen Sie sich dazu von Ihrem Tierarzt beraten!

Manche Züchter haben anfangs gemeint, dass sie es sich einfach machen könnten und unter das normale Futter nur zusätzliche Kohlehydrate, z. B. in Form von Nudeln, mischen müssten, damit die Hündin nicht auszehrt. Dies ist nicht die beste Möglichkeit. Mir erzählte ein Züchter, der dem Futter Nudeln beigemischt hatte, dass seine Hündin vor der Geburt plötzlich lauter kleine „Pocken" bekam. So sah es zumindest aus – kleine „Auswüchse", wie die bei Menschen in der Haut eingelagerten „Grieskörner" - nur viel größer. Er war ganz erschrocken darüber, aber sein Tierarzt beruhigte ihn und wies nur auf eine dringend nötige Futterumstellung hin. Als dann die Babys auf der Welt waren, musste der Züchter feststellen, dass auch diese „Pocken" an den unterschiedlichsten Stellen hatten. Er gab fortan keine Nudeln mehr zusätzlich und siehe da – nach einigen Tagen waren alle „Pocken" verschwunden, sowohl bei der Hündin als auch bei den Welpen.

Dem kann ich an dieser Stelle nur zustimmen. In meinem Hundesalon habe ich sehr häufig Hunde zur Pflege, die sogar recht viele dicke Einlagerungen haben. Würde man diese „Pocken" aufstechen, so quölle etwas heraus, das an dickflüssigen Eiter erinnert. Es ist aber kein Eiter, sondern wirklich nur eine Einlagerung, vermutlich aufgrund falscher Ernährung.

Frage ich dann nach, was der Hund zu fressen bekommt, heißt die Antwort häufig: „Na, ich koche selbst immer Hühnchen mit Nudeln oder Reis und Gemüse. Was anderes frisst er / sie nicht.“ Hier ist augenscheinlich der Anteil Proteine (Fleisch) zu gering und der Anteil Kohlenhydrate (Reis, Nudeln, Kartoffeln) viel zu hoch. Eigentlich benötigt ein Hund überhaupt keine Kohlenhydrate, denn er kann diese selbst aus Fetten und Proteinen im Körper umwandeln.

Das soll aber nun nicht heißen, dass Hunde keinerlei Kohlenhydrate fressen sollen. Dies gilt vor allem nicht für eine trächtige Hündin! Bei ihr und ihren Welpen könnte es dadurch zu einer mangelhaften Energieversorgung kommen, außerdem sind sie wichtig für eine gute Verdauung. Möglicherweise ist die Fähigkeit der körpereigenen Umwandlung darauf zurückzuführen, dass Wölfe bei Mangelsituationen einen gewissen vorübergehenden Schutz hatten. Aber natürlich entspricht das nicht den normalen Ernährungsbedingungen unserer domestizierten Hunde.

Die Trächtigkeit der Hündin dauert ca. 63 Tage, das ist aber kein absolutes Muss. Eine Tragzeit zwischen 58 und 67 Tagen wird als durchaus normal angesehen. Auch hier kommt es wieder darauf an, ob es z. B. der erste Wurf ist oder wie viele Babys die Hündin im Bauch hat. Erstgebärende Hündinnen werfen oftmals zeitiger.

Manche Hündin wirft **immer** 1 – 2 Tage **eher**, andere **immer** etwas **später,** wieder andere **mal früher und mal später.**

Bei kleinen Rassen ist die Wurfstärke meist nicht sehr hoch. Bei großen Rassen sieht das schon ganz anders aus. Kleine Rassen werfen durchschnittlich 1 – 6 Welpen, selten mehr. Bei großen Rassen sind 6 Welpen unterster Durchschnitt, es können sogar 10 und mehr sein. (Selten sind es genauso viele Babys, wie Zitzen vorhanden sind. Von Natur aus hat eine Hündin zwischen 6 und 12 Zitzen. Aber es gibt Hündinnen, die nur 5 Zitzen haben und auch 17 Zitzen wurden schon gezählt.)

Hat nun eine Hündin überdurchschnittlich viele Babys im Bauch, so ist es relativ wahrscheinlich, dass sie pünktlich zum Termin wirft oder sogar ein klein wenig zeitiger.

Bei Hündinnen, die nur 1 – 2 Welpen im Bauch haben, ganz besonders wenn sie zu einer mittelgroßen oder großen Hunderasse gehören, kann es Probleme bei der Geburt geben. Probleme kann es natürlich immer geben, aber die Wahrscheinlichkeit, dass eine große Hündin, die mit nur wenigen Babys trächtig ist, möglicherweise einen Kaiserschnitt bekommen muss, ist relativ hoch.

Ich habe dies leider auch erleben müssen. Unsere Bearded-Collie-Hündin hatte zwei Welpen im Bauch.

Die Geburt des ersten Welpen ging noch auf „normalem Wege“ vonstatten, leider wurde er aber tot geboren, dann passierte trotz Wehen gar nichts mehr und der zweite Welpe musste per Kaiserschnitt geholt werden. Auch er war schon tot. Die Geburt hatte eindeutig zu lange gedauert. Uns fehlte damals die mittlerweile jahrelange Zuchterfahrung und so waren uns – und auch den damaligen Tierärzten – Fehler unterlaufen (auch aus diesem Grunde habe ich dieses Buch geschrieben).

Etwa 14 Tage bevor die Hündin werfen soll, gewöhnen Sie sie an die vorbereitete **Wurfkiste** in ihrem **Wurfzimmer**. Zu empfehlen ist ein Raum, der kaum frequentiert wird und sich möglichst in der Nähe Ihres Bettes befindet (evtl. direkt in Ihrem Schlafzimmer?!). Warm genug muss er allerdings auch sein – möglicherweise haben Sie einen separaten Raum, in den Sie ein Bett stellen können, um im Fall der Fälle schnell reagieren zu können. Sie muten ihrer Hündin jetzt keine große Aufregung mehr zu, halten sie in Bewegung, aber überfordern sie nicht. Auch das **Treppensteigen** sollte, zumindest bei kleinen Hunderassen - eingeschränkt werden – in den letzten 7 Tagen tragen viele Züchter ihre (kleinen) Hündinnen die Treppen hinauf und hinunter, damit u.a. ihr Bäuchlein nicht anstößt.

Sieben Tage vor dem errechneten Geburtstermin sollte man morgens und abends die **Temperatur** der Hündin **kontrollieren** (rektal). Fällt diese um ca. 1 °C ab, steht die Geburt kurz bevor.

Die „normale“ Temperatur des Hundes liegt bei ca. 38 bis 38,9 °C. Aber auch die kann sehr unterschiedlich und teilweise auch rassespezifisch sein (Hund mit viel Fell und Unterwolle = höhere Körpertemperatur / auch abhängig vom Alter und natürlich Gesundheitszustand). Liegt beispielsweise der Hund auf dem kalten Boden, kann er durchaus eine Temperatur von z. B. 37,7 °C haben anstatt sonst 38 °C.

Unsere Havaneser-Hündin Bijou hat **immer** eine Temperatur zwischen 37,5 und 37,9 °C - liegt sie auf dem Laminat-Boden, ist die Temperatur eher bei 37,5 °C - liegt sie im Kuschelkorb: 37,9 °C. Also kontrollieren Sie bitte bereits zu Beginn der Trächtigkeit, wie die „Normaltemperatur“ bei Ihrer Hündin morgens und abends ist (über mehrere Tage kontrollieren).

Sollte nun die Temperatur eindeutig gefallen sein (z. B. Normaltemperatur sonst ca. 37,7 °C morgens / Kontrolle ergab dann plötzlich morgens eine Temperatur von 36,7 °C), so sollte **der erste Welpe** innerhalb der nächsten **24 Stunden** geboren werden. Sonst bitte dringend den Tierarzt informieren oder aufsuchen!

Die Geburt

Sollten Sie sehr unsicher sein und relativ genau wissen wollen, wie viele Welpen das Licht der Welt erblicken werden, so können Sie ab dem 50. Tag der Trächtigkeit eine röntgenologische Untersuchung machen lassen. Allerdings habe ich selbst schon zweimal erlebt, dass ein „falsches“ Bild entstand: Eine junge Ärztin hatte einmal von 2 Welpen gesprochen, die auf dem Bild zu sehen wären, dabei war es nur einer. Ein anderes Mal hatte ich sogar das Bild selbst noch mit begutachtet und eindeutig 3 Wirbelsäulen gesehen – es kamen aber nur zwei Babys auf die Welt. Deshalb fuhr ich natürlich gleich nach der Geburt des zweiten – als ich den Eindruck hatte, dass die Geburt abgeschlossen sein muss - zum Tierarzt. Es war tatsächlich kein Welpe mehr im Bauch der Hündin! Des Rätsels Lösung: der eine Welpe hatte sich bei der Belichtung des Bildes wohl gerade heftig bewegt, so dass die fast parallel abgebildeten Wirbelsäulen nur einem einzigen Welpen gehörten.

Ihr Tierarzt sollte in jedem Fall wissen, wann der reguläre Geburtstermin ansteht und Sie sollten mit ihm besprechen, wie Sie ihn im Notfall erreichen können (Rufbereitschaft auch nachts?).

Geburtsvorbereitung:

Einige Tage vor der Geburt sollte die Hündin bereits an ihr Geburtszimmer gewöhnt worden sein, in dem die Wurfkiste aufgestellt wurde. Die Wurfkiste muss ausreichend Platz für Mutter und Welpen bieten, warm ausgepolstert sein und eine saugfähige Einlage haben.

Es ist auch günstig, wenn Sie im Abstand von ca. 5 cm (Höhe vom Boden) eine mehrere Zentimeter dicke Leiste in der Wurfkiste anbringen (Maße in etwa 2 x 5 cm / die 5 cm als Abstand zur Seitenwand), damit die Hündin nicht aus Unachtsamkeit während oder nach der Geburt eines ihrer Babys totdrücken kann. Dies passiert leider relativ häufig – vor allem bei großen und schweren Hunden und diese Vorsichtsmaßnahme ist oftmals die Rettung für die Welpen!

Desweiteren sollten Sie eine Wärmelampe (Wärmestrahler) mit Verbrennungsschutz über der Wurfkiste installieren (erhältlich im Tierfachhandel, Baumärkten und im Landhandel). Wenn der erste Welpe auf der Welt ist, muss er gut gewärmt werden, denn die Hündin hat dann noch sehr mit sich zu tun und natürlich mit der Geburt weiterer Welpen. Da die Babys anfangs feucht sind und ihre Temperatur nicht halten können, ist dies unbedingt notwendig (natürlich nicht, wenn die Umgebungstemperatur im Hochsommer bei über 35 °C liegt).

Um vorbereitet zu sein und alles schnell bei der Hand zu haben, sollten sich folgende Utensilien in Reichweite befinden:

1. genügend trockene und saubere Handtücher (stattdessen auch Küchentücher aus Papier möglich),
2. eine kleine, vorn abgerundete Schere, besser noch einen Nagel-Knipser für das evtl. notwendige Durchtrennen der Nabelschnur (ACHTUNG! Beim Verwenden einer Schere unbedingt die Nabelschnur vor dem Schnitt abbinden, um ein Ausbluten des Welpen zu verhindern! Sie lassen ca. 1,5 cm Nabelschnur nach dem Nabel-Knubbelchen stehen und binden diese vom Bauch des Welpen aus gesehen ab. Wenn ein Welpe mit abgerissener Nabelschnur geboren wird (ab und an verbleibt die Plazenta vorerst im Mutterleib und der Welpe erblickt das Licht der Welt mit abgerissener Nabelschnur) binden Sie diese so schnell wie möglich ab, um ein **Ausbluten des Welpen** zu verhindern!),
3. Händedesinfektionslösung (Spray) und / oder dünne Einmalhandschuhe (falls Sie diese lieber benutzen möchten, weil Ihnen das Anfassen von Plazenta oder Eihäuten unangenehm ist),
4. ein Nabeldesinfektionsmittel,

5. Bindfaden (am besten schon in Längen von ca. 10 cm vorgeschnitten, so dass Sie schnell danach greifen können, denn viele Züchter haben zittrige Hände vor Aufregung, wenn es dann wirklich losgeht!)
6. Wechseleinlagen für die Wurfkiste. Bewährt haben sich da sowohl Handtücher (darunter aber bitte etwas Feuchtigkeitsundurchlässiges legen), als auch Zeitungen, saubere Bettlaken oder natürlich die Nässeschutz-Betteinlagen, die im medizinischen Einsatz benutzt werden (erhältlich über das Internet oder in Apotheken),
7. evtl. homöopathische „Geburtshelfer",
8. ein Kalzium-Präparat, falls die Hündin nach der Geburt unter Eklampsie leidet,
9. etwas Kaffee für den Fall, dass ein Welpe „Startschwierigkeiten" hat und kaum Lebenszeichen von sich gibt (Vorsicht: **NUR ein Tropfen** auf der Zunge reicht - ersticken Sie nicht Ihr Neugeborenes!) oder Rescue-Tropfen (Dr. Bach Notfalltropfen / wird z. B. bei Bewusstlosigkeit, Schock und Herzinfarkt auf Lippen oder Zunge getropft),
10. eine Waage, um das Geburtsgewicht festzustellen,
11. Zettel und Stift zum Festhalten der Daten (Geburtszeitpunkt, Geschlecht, Gewicht,

Kennzeichen, evtl. Geburtsstörung wie Atemdepression),

12. evtl. einen Kennzeichnungsstift (z. B. bei dunklen Welpen Tipp-Ex),
13. eine bequeme Kniepolsterung oder einen niedrigen Hocker, um Ihnen die Hilfestellung bei der Geburt zu erleichtern (Nicht lachen! Haben Sie schon mal längere Zeit über eine Wurfkiste gebeugt gestanden oder daneben gekniet? Danach werden Ihnen sowohl Knie als auch Rücken heftig schmerzen – versprochen!),
14. etwas zu essen oder zu trinken für Sie selbst, denn Sie werden sich vermutlich so wenig wie möglich von Ihrer Hündin während der Geburt trennen,
15. natürlich Futter und Wasser für die Hündin,
16. Welpen-Ersatzmilch + Sauger und Flasche (auch eine kleine Spritze oder eine Pipette sind geeignet) für Welpen, die zu wenig Kraft zum Saugen haben und für Ihre Hündin, falls sie unter Eklampsie nach der Geburt leidet (siehe Kapitel Komplikationen),
17. ***dieses Buch*** zum Nachschlagen und das ***Telefon!***

Bitte entfernen oder kürzen Sie vor der Geburt verklebtes oder zu langes Fell im Genital- und Afterbereich der Hündin und säubern Sie diese Bereiche mit antiseptischen Tüchern oder einer wirksamen Spülung/Lösung. Keime des Genital- und Afterbereiches sind oft für die Blutvergiftungen und das Giftmilchsyndrom verantwortlich (siehe folgendes Kapitel).

Es ist so weit!

Die ersten Anzeichen, dass die Hündin kurz vor der Geburt steht, sind:

1. ***Das Absinken des Bauches:*** Gerade noch kugelrund, können Sie sehen, dass der Bauch auf einmal kurz über dem Boden hängt (zumindest bei einer großen Welpen-Anzahl); die Flanken der Hündin wirken eingefallen und weicher. Dies kann man mit den Senkwehen der Frau vergleichen. Es kann sein, dass sich die Hündin jetzt immer öfter zurückzieht und von sich aus ihre Wurfkiste aufsucht, um sich auszuruhen. Einige Hündinnen entwickeln auch noch einen enormen Appetit, erbrechen aber gelegentlich wieder, weil einfach der Platz im Bauch zu klein ist für große Mahlzeiten. Andere Hündinnen werden die letzten Tage sehr mäkelig und nehmen nur noch sehr wenig Futter auf. Lassen Sie Ihre Hündin nun keinesfalls ohne Leine ihr Geschäft verrichten – nicht wenige Hündinnen suchen urplötzlich das Weite, um sich in Wald und Flur eine Wurfgelegenheit zu suchen.

2. ***Das Anschwellen der Gesäuge-Leiste mit Beginn der Milchbildung:*** Wenn Sie nun bei der Hündin eine Zitze leicht anpressen, können Sie feststellen, dass schon ein „Milchpünktchen“ zu sehen ist.

Dies geschieht bei vielen Hündinnen aber auch schon Tage zuvor.

3. ***Die Vulva schwillt an:*** Dies ist mit ungeübtem Auge nicht immer gut zu sehen, besonders bei kleinen Rassen.

4. ***Absinken der Temperatur um ca.*** 1 °C: Ab diesem Moment verweigern viele Hündinnen die Nahrung, werden unruhig, untersuchen evtl. alle möglichen Ecken (um nach einer „gemütlichen Alternative“ zur Wurfkiste zu suchen), scharren und wühlen in ihren Wurfkisten und beginnen zu hecheln. Das Hecheln gehört bereits zur Wehen-Tätigkeit, die man aber in dieser Phase noch nicht äußerlich wahrnehmen kann.

5. ***Leichter Scheidenausfluss:*** Durch das Gewicht der Welpen werden Gebärmutter und Mutterkuchen überdehnt. Dadurch wird die Geburt eingeleitet. Durch die Auflösung des Schleimpfropfens, der die Zervix (den Muttermund) verschließt, kommt es zu einem klaren Ausfluss bei der Hündin. Dies ist ein sicheres Zeichen dafür, dass sich die Hündin bereits in der Eröffnungsphase befindet.

Wenn Sie jetzt mit Ihrer Hündin nach draußen gehen, nehmen Sie sie bitte sicherheitshalber an die Leine (abends bzw. nachts mit Taschenlampe gehen!). Es kann vorkommen, dass eine Hündin draußen einen Wurfplatz aussucht und dort zu graben beginnt. Manche Hündin verwechselt auch den Druck auf den Muttermund mit dem Druck auf die Blase – und bekommt ihren ersten Welpen an der frischen Luft! Deshalb behalten Sie sie gut im Auge – im Dunkeln leuchten Sie auf ihr Hinterteil, damit Sie sicher sein können, dass sie wirklich nur pullert und nicht einen Welpen „verliert". Glauben Sie mir: das ist auch schon erfahrenen Züchtern passiert! (Sollte es doch geschehen sein, gehen Sie schnell mit Hündin und Welpen wieder hinein ins warme Zimmer und helfen Sie dem Welpen - wie später beschrieben - ins Leben.)

Die **Eröffnungsphase** dauert meistens zwischen 6 und 12 Stunden, bei einer erstmals werfenden Hündin sogar bis zu 36 Stunden. Allgemein heißt es, dass der erste Welpe ab dem Zeitpunkt des Temperaturabfalls innerhalb von 24 Stunden geboren sein sollte. Der Temperaturabfall hält aber nur einige Stunden an, dann steigt die Temperatur wieder. Verpasst man den Temperaturabfall, weil er z. B. mitten in der Nacht stattfand, kann es sein, dass die Hündin beim Messen wieder ihre „normale" Temperatur erreicht hat und doch schon kurz vor dem Werfen steht.

Auch das passiert Züchtern nicht selten. Nur durch das Hecheln der Hündin, ihre Unruhe, ihr Nestbauverhalten und später deutlich zu sehenden Kontraktionen konnten sie erkennen, dass bei der Hündin bereits die Austreibungsphase begonnen hatte.

Die Wehen der Hündin gehen von den Enden der Gebärmutterhörner in Richtung Vulva und lassen die Welpen wechselseitig in den Geburtskanal eintreten. Die Geburt des ersten Welpen ist dabei für die Hündin am schwersten, denn die Geburtswege müssen sich noch entsprechend dehnen. Deshalb kann es passieren, dass sie etwas wimmert, wenn der erste Welpe in den Geburtskanal rutscht und dass sie vielleicht sogar schreit, wenn er herausgepresst wird. Ist der Welpe nun durch den Muttermund in die Scheide gerutscht, beginnt die **Austreibungsphase;** die Bauchpresse setzt ein. Der Welpe ist von zwei Fruchthüllen umgeben – Allantois und Amnion. Beim Passieren der Scheide kann die Fruchthülle (Allantois) aufreißen, muss aber nicht. Die dabei austretende Flüssigkeit (beim ersten Welpen ist das Fruchtwasser glasklar) macht die Geburtswege gleitfähiger. Die grünliche Färbung resultiert aus dem Ablösen der Plazenta vom Uterus (wobei es zu Blutungen und Hämatomen kommt) und dem Vermischen mit dem klaren Fruchtwasser der Welpen. Dabei wird der Blutfarbstoff Uteroverdin bzw. Biliverdin freigesetzt.

Biliverdin ist das grüne Abbauprodukt des roten Blutfarbstoffs Bilirubin, ist nicht toxisch (was man annehmen könnte), sondern wirkt sogar antioxidativ.

Bis zum Austreten des Welpen können 10 Minuten, manchmal sogar bis zu 60 Minuten vergehen. Eine erstgebärende Hündin ist eventuell völlig vom Schmerz überrascht und versucht, sich den Welpen, der im Geburtskanal steckt, herauszubeißen – beruhigen Sie Ihre Hündin und verhindern Sie das Schnappen nach dem Welpen.

Ist der Welpe geboren, wird die Hündin die verbliebene Fruchthülle (Amnion) mit den Zähnen aufreißen, die Nabelschnur durchbeißen und dem Kleinen das Mäulchen sauberlecken – nicht immer in dieser Reihenfolge. Gelegentlich reißt sogar die zweite Fruchthülle bei der Geburt mit auf.

Anschließend wird sie die Nachgeburt fressen, die entweder gleich kurz nach dem Welpen austritt oder etwas später – manchmal auch erst nach dem nächsten Welpen. Das ist ein natürlicher Vorgang und Sie sollten darüber nicht erschrecken. Die Aufnahme der Nachgeburt ist sehr wichtig für das Voranschreiten der Geburt und dient als natürliches energiereiches Futter. Darin enthalten sind außerdem 42 Hormone, u. a. Endorphin und Oxytocin (auch Glückshormone genannt), welche wehen- und laktationsfördernd wirken.

Gelegentlich steckt die Nachgeburt noch in der Vulva und die Nabelschnur mit dem Welpen daran ist relativ kurz, so dass dieser kurz vor der Scheide zu liegen kommt. In diesem Fall hilft man der Hündin, indem man die Nabelschnur mit einem Nagel-Knipser zusammendrückt (damit sich die Blutgefäße schließen) und dann durchtrennt. Häufig zieht die Hündin dann selbst an der Nachgeburt, um diese anschließend zu fressen.

Manche Hündin hat bei der Geburt so mit sich zu tun und vielleicht mit dem Auffressen der Nachgeburt, dass sie zwar den Welpen beleckt, aber ganz vergisst, die Eihaut aufzureißen. Dann müssen Sie sofort eingreifen, denn der Welpe wird sonst ersticken!

Wenn die Hündin mit der Geburt überfordert ist und die natürlichen Instinkte versagen, sollten Sie wie folgt vorgehen:

1. Fruchthülle(n) aufreißen (kann sehr zäh sein!)
2. Nabelschnur abbinden (mit dem vorbereiteten Faden); Achtung! Fest zubinden, damit sich die Blutgefäße schließen und der Kleine nicht ausblutet!
3. Nabelschnur durchtrennen in etwa eineinhalb bis zwei Zentimetern Abstand vom Bauch. Der Faden bleibt am Nabelschnurende des Welpen und wird gekürzt, damit die Hündin nicht daran zieht. Der Nabel

trocknet in den kommenden Tagen ein und fällt von selbst ab.

4. den Welpen mit dem Köpfchen nach unten halten, damit das Fruchtwasser ablaufen kann
5. die Nase und das Mäulchen abwischen (evtl. absaugen mit einer kleinen Pipette oder Spritze; besser noch mit dem Mund – die Angst um den Welpen überwindet oft anfängliches Unbehagen)
6. kräftiges Abrubbeln des Welpen mit trockenen Tüchern. Spätestens jetzt sollte er anfangen zu atmen und zu schreien. Dann ist auch die Hündin sofort da und kümmert sich weiter um ihn. Sie regt mit dem Belecken seinen Kreislauf und seine Atmung an und nimmt seine Ausscheidungen auf.

Es kann sein, dass der Welpe nach dem Befreien aus der Eihülle reglos ist und kein Lebenszeichen von sich gibt. Geben Sie nicht gleich auf! Bei einem Welpen, der tatsächlich schon lange Zeit tot ist, löst sich beim Trockenreiben oftmals das Fell am Köpfchen ab. Aus der Nabelschnur wird kein Blut mehr austreten. Ein Welpe, bei dem man noch eine Blutzirkulation sehen kann (Blut tritt aus der Nabelschnur aus), ist meist noch zu retten und benötigt nur eine entsprechend lange Reanimation! Einen Herzschlag zu hören – ohne Stethoskop – ist fast unmöglich.

Züchter haben schon erlebt, dass der Welpe, der sich nicht mehr regte, bei dem keine Atmung zu erkennen war und den sie schon zur Seite gelegt hatten, plötzlich doch noch mit einer Schnappatmung begann oder die Gliedmaßen bewegte.

Sie sollten den Welpen also ruhig längere Zeit (mit dem Köpfchen nach unten) trockenrubbeln, ihn massieren, unbedingt die Atemwege vom Fruchtwasser befreien (und ihn danach ruhig auch beatmen, indem sie Mäulchen und Nase mit Ihrem Mund umschließen und vorsichtig pusten – seine Lungen müssen sich erst richtig entfalten). Eine Reanimation von Welpen kann 15 – 30 Minuten dauern und dennoch zum Erfolg führen. Bei geringer bis mittelgradiger Atemdepression können natürlich vom Tierarzt atemstimulierende Mittel gegeben werden, wie z. B. Naloxon oder Doxapram.

Bei schwerwiegenden Zuständen (hochgradige Atemdepression) kann der Tierarzt Natriumbicarbonat in Verbindung mit einer Glucose-Lösung verabreichen. Daher sollte er auch über den Beginn der Geburt informiert sein, um rechtzeitig eingreifen zu können.

Sechzig Prozent der Welpen werden in Vorderendlage geboren, also mit dem Köpfchen zuerst. Aber auch die Geburt eines Welpen mit dem Popo voran (Hinterendlage) ist völlig normal. Manchmal steckt der Welpe relativ lange fest, bevor eine weitere Wehe den Geburtsvorgang beendet. Versuchen Sie nicht, den Welpen durch Zug nach draußen zu befördern, Sie könnten dadurch erheblichen Schaden anrichten! Viele Züchter schieben bei einem feststeckenden Welpen vorsichtig die gedehnte Scheide zurück, um zu helfen.

Aber auch das kann gefährlich sein und ein Einreißen verursachen. Warten Sie einfach ab, bis die nächste Wehe kommt. Nur ein erfahrener Züchter, der schon einmal medizinische Anleitung bei der Geburt hatte und der Tierarzt wissen, wie man dem Welpen schneller auf die Welt helfen kann. Von großem Vorteil ist es daher, wenn Ihnen vielleicht ein befreundeter Züchter bei der Geburt „zur Sicherheit" beistehen kann (er sollte allerdings der Hündin bekannt sein und häufigen Kontakt haben, sonst könnte sie irritiert werden und die Geburt eventuell zurückhalten).

Wenn ein Welpe geboren ist, wird er von allein nach den Zitzen der Mutter suchen. Das Saugen des Welpen ist für den weiteren Geburtsvorgang wichtig, denn dadurch wird Oxytocin freigesetzt, welches weitere Kontraktionen der Gebärmutter hervorruft und die Geburt voran bringt. Man kann sehr häufig sehen, dass – kurz nachdem ein Welpe versorgt und dann bei der Mutter angelegt wurde – erneut die Wehen einsetzen. Sollte der Welpe anfangs zu schwach sein, z. B. weil er eine Atemdepression hat, so lassen Sie ihn ruhig erst etwas ausruhen, halten sie ihn aber unbedingt warm (ca. 30 °C!). Versuchen Sie, ihm das Atmen zu erleichtern (nochmal mit dem Köpfchen nach unten den Rücken massieren, absaugen oder den Tierarzt kontaktieren zwecks Injektion) und legen Sie ihn später erneut an.

Es ist wichtig, dass er in den ersten 12 Stunden die Muttermilch bekommt, das Colostrum, welche sehr viele Antikörper enthält, die ganz besonders wichtig zur Abwehr von Viren, Bakterien und Pilzen sind.

Zwischen den Welpen können nur einige Minuten Geburtsabstand liegen, aber auch ein bis drei Stunden Pause sind normal. In dieser Zeit kommt die Hündin zur Ruhe, leckt gelegentlich ihren schon geborenen Nachwuchs, hechelt kaum und zeigt keine äußerlich sichtbaren Kontraktionen. Sogar ein Abstand von vier (evtl. bis sechs) Stunden ist möglich, aber eher selten. Die Austreibungsphase für alle Welpen sollte nach ca. 12 Stunden abgeschlossen sein. Ein Intervall von 2 Stunden Pause gilt als normal, manchmal kommen auch Welpen im „Doppelpack" kurz hintereinander.

Äußerlich kann man leider nicht sehen, ob die Hündin die Geburt bereits beendet hat. Wurde vorher ein Röntgenbild gemacht, so könnte man annehmen, dass alle Welpen geboren sind, wenn die Anzahl der auf dem Bild sichtbaren Welpen mit der Anzahl der geborenen Welpen übereinstimmt. Wie ich aber schon feststellen musste, kann es selbst beim Röntgen oder Ultraschall Irrtümer geben. Wer sich daher nicht sicher ist, kann 3 – 6 Stunden nach der Geburt des letzten (?) Welpen den Tierarzt aufsuchen, um die Hündin noch einmal eingehend abtasten oder noch ein Röntgenbild machen zu lassen. Wenn Sie sich zudem nicht sicher sind, ob alle Plazenten ausgeschieden wurden, gibt es auch eine sog. „Ausräumspritze“ (Oxytocin oder homöopathische Mittel), evtl. verbunden mit einem Breitband-Antibiotikum, um eine Entzündung der Gebärmutter sowie der Milchleisten zu verhindern. Eine Infektion der Milchleisten (Mastitis) birgt die Gefahr vom Giftmilchsyndrom – ein nicht zu unterschätzendes Risiko für „Mutter und Kinder“.

Diese Infektion wird durch Kolibakterien, hämolytische Streptokokken oder Staphylokokken hervorgerufen und geht häufig mit einer Verdünnung der Milch einher (reduzierter Nährstoffgehalt). Zurückzuführen ist dies oftmals auf ein Belecken des Genital-After-Bereiches, verunreinigtes Einstreu oder auf Hautinfektionen (z.B. durch das Eindringen von Keimen wegen der Verletzung des Gesäuges durch die spitzen Krallen der Welpen).

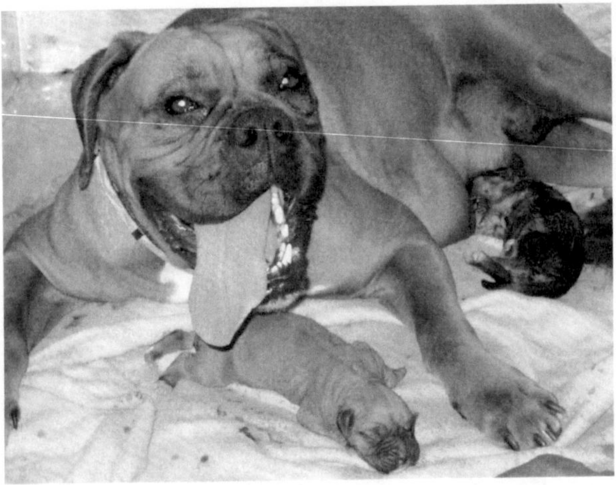

Gerade geboren – und schon suchen die Kleinen die Zitzen.

Komplikationen

Vor, während und nach der Geburt kann es zu Komplikationen kommen. Sie sollten daher unbedingt einen Tierarzt in folgenden Fällen aufsuchen:

Vorgeburtliche Komplikationen:

In der ersten Hälfte der Trächtigkeit wird eine eventuell abgestorbene Frucht meist vom Körper der Hündin resorbiert, wenn eine Entwicklungsstörung oder Infektion sie absterben ließ. In der zweiten Hälfte kann es zu einem Abort kommen. Manchmal wird dieser vom Züchter nicht einmal bemerkt, da die Hündin keine Anzeichen für einen drohenden Abort aufwies und die ausgeschiedene Frucht unbemerkt auffraß.

Wenn Ihre Hündin den 68. Tag der Trächtigkeit erreicht hat, ohne Anzeichen einer bevorstehenden Geburt zu haben, sollten Sie den Tierarzt aufsuchen. Eine übertragene Frucht kann so groß geworden sein, dass eine natürliche Geburt nicht mehr möglich ist. Dies kann vor allem passieren, wenn die Hündin nur eine einzige Frucht im Uterus hat.

Die Hündin hat Ausfluss (klar = ungefährlich und normal). Eine hellrote Blutung lässt auf innere Blutungen schließen, evtl. hat sie eine Vaginal-

Blutung durch den Deck-Akt. Ein übelriechender Ausfluss kann ein Hinweis auf eine bakteriologische Entzündung sein. Und ein grünlicher Ausfluss bedeutet höchste Lebensgefahr für mindestens einen Welpen. Er deutet darauf hin, dass sich eine Plazenta gelöst haben könnte. Möglicherweise ist der Welpe schon abgestorben. Manchmal jedoch ist grünlicher Ausfluss nur ein Anzeichen der laufenden Geburt. Auch das haben schon viele Züchter erlebt, ich ebenso. Nur der Tierarzt kann entscheiden, was zu tun ist! Natürlich haben Sie dabei ein Mitspracherecht.

In unserem Fall zeigten ein Ultraschall und die Palpation (Abtastuntersuchung) der Hündin, dass noch fetale Bewegungen vorhanden waren. Die Hündin stand 7 Tage vor dem errechneten Geburtstermin – vielleicht sogar 10 oder 14 Tage davor, denn aufgrund der siebentägigen Belegung war das nicht so genau zu sagen (ein „Nachteil", wenn der Rüde mit im Haus lebt und mehrere Tage decken kann). Wir wollten daher nicht das Risiko eingehen, den eine Sectio bringen würde, wenn die restlichen Welpen vielleicht noch nicht „reif" genug waren. Also warteten wir lieber ab. Die Hündin zeigt an dem Tag, als wir den grünlichen Ausfluss bemerkten, eine gewisse Unruhe und hechelte.

Wir rechneten damit, dass sie möglicherweise bald ihre Babys bekommen würde und blieben ununterbrochen bei ihr.

Am nächsten Tag war kaum noch Ausfluss zu sehen, die Hündin hechelte auch nicht mehr. Wir warteten weiter ab und ließen sie nicht aus den Augen. Ein Temperaturabfall war an keinem Tag festzustellen. Auch kein Temperaturanstieg, was ein Hinweis auf eine Entzündung gewesen wäre – wir hätten dann sofort eine Sectio (Schnittentbindung) machen lassen müssen. Alles war wieder im Normbereich. Auch zum errechneten Wurftermin tat sich nichts. Erst drei Tage später begann die Geburt mit entsprechendem Temperaturabfall.

Komplikationen während der Geburt:

Ist **Fruchtwasser abgegangen**, ohne dass bei der Hündin die Bauchpresse eingesetzt hat, sollten Sie nicht zögern, ebenfalls sofort den Tierarzt zu kontaktieren. Ein Gebärmutterkrampf könnte die mögliche Ursache sein. Dann hilft vermutlich nur noch eine Sectio, um das Leben der Welpen und der Hündin zu retten. Oder aber die Geburt ist in Gang und die Wehen sind nicht merklich stark. Wenn die **Rektaltemperatur** der Hündin erst um ca. 1 °C abgefallen und dann wieder angestiegen ist, **ohne** dass die Hündin Anstalten zur Geburt macht (kein Hecheln, keine Unruhe, kein Nestbauverhalten, keine Nahrungsablehnung), sollten Sie ebenfalls den Tierarzt benachrichtigen.

Stockt eine Geburt – es sind **mehr als 3 Stunden** vergangen, seit der letzte Welpe geboren wurde –, zeigt eine Hündin **länger als 30 Minuten Bauchpressen**, ohne dass ein Welpe geboren wird oder hat die Hündin plötzlich **Scheidenausfluss, der übelriechend, eitrig oder blutig ist**, so sind dies ebenfalls Gründe, schnellstmöglich Ihren Tierarzt aufzusuchen oder ihn zu sich zu bitten.

Sicher möchten Sie nun wissen, wie es in unserem Fall weiterging und welche Komplikationen eventuell die Geburt brachte:

Sechs Stunden nach dem Temperaturabfall bekam unsere Hündin Austreibungswehen. Es dauerte eine weitere halbe Stunde, bis der erste Welpe geboren wurde. Er war sehr zart und etwas untergewichtig und hatte eine schwere Atemdepression. Er strebte zwar zu den Zitzen, war aber zu schwach zum Saugen. Der zweite Welpe war deutlich schwerer und saugte sich sofort an einer Zitze fest. Der drittgeborene Welpe wurde mitsamt Plazenta ausgestoßen, er war nicht ausgereift und abgestorben. Erst im letzten Moment – als die Hündin ihn schon auffraß – sah ich, dass es sich nicht nur um eine Nachgeburt handelte. Der nachfolgende Welpe war wieder kräftig und gesund, der letzte Welpe ebenso, dieser hatte aber eine Atemdepression.

Wie wir wissen, werden die Welpen wechselseitig aus beiden Uterushörnern geboren. Das Beispiel zeigt, dass alle Welpen aus dem einen Uterushorn eine Atemdepression hatten, einer war sogar tot. Da die tote Frucht zwischen zwei lebenden lag, konnte kein vorzeitiger Abort stattfinden. Eventuell hat der abgestorbene Fötus die benachbarten infiziert und dadurch die Weiterentwicklung beeinflusst. Die beiden Welpen aus dem anderen Uterushorn waren von Geburt an die größeren, schwereren und mobileren. Der erstgeborene Welpe starb trotz intensiver Überwachung und Behandlung (Injektion gegen Atemdepression, Aufbauspritze, zufüttern mit Pipette, da er zu schwach zum Saugen war) innerhalb von 3 Tagen, der letztgeborene erholte sich gut durch Injektion gegen Atemdepression, saugte dann ebenfalls kräftig, war aber immer kleiner und ruhiger als die anderen beiden.

Es können bei der Geburt immer Störungen auftreten, die unterschiedlichste Ursachen haben. Dabei kann es an der Hündin liegen, dass die Geburt stoppt, z. B. wenn sie aufgrund von laufenden **Störungen und Unruhe im Wurfzimmer** die Geburt zurückhält, bei einer **Wehen-Schwäche**, **Scheidenenge**, **Uterus-Verdrehung** (Torsio uteri) oder **Uterusruptur** (manchmal ausgelöst durch eine vorschnelle Oxytocin-Gabe: einer Hündin, deren Zervix noch nicht geöffnet ist, darf kein Oxytocin verabreicht werden.

Dies gilt als Kunstfehler! Oxytocin kann bei einer Wehenschwäche verabreicht werden, wenn die Hündin in der Geburt steht, die Zervix geöffnet ist, aber kein Welpe ausgetrieben wird) und es keine Falschlage eines Welpen gibt. Natürlich kann die Geburtshemmung auch daran liegen, dass **Welpen abgestorben** oder **zu groß** sind (übertragen). Es kommt auch vor, dass ein **Welpe falsch liegt**, z. B. von einem Uterushorn in das andere gerutscht ist, statt Richtung Scheide. Diese Querlage kann meist nur vom Tierarzt manuell korrigiert oder es muss doch eine Schnittentbindung gemacht werden.

Sie müssen als Züchter (statistisch gesehen) immer mit einem Verlustrisiko von 25 – 30 % rechnen, selbst wenn Sie alles richtig machen und auch die Herpesimpfung durchführen lassen.

Dies ist traurig, aber leider Tatsache. Bedenken Sie aber, dass es noch viel wichtiger ist, wenn Ihnen die heißgeliebte Zuchthündin erhalten bleibt!

Komplikationen nach der Geburt

Wichtig ist nach der Geburt natürlich (außer der intensiven Welpen-Beobachtung und -versorgung) ganz besonders die Überwachung der Hündin.

Sie müssen den Lochialfluss beobachten, regelmäßig ihre Temperatur messen, ihre Nahrungsaufnahme kontrollieren und natürlich ihr Allgemein-Befinden mit kritischen Augen betrachten. Auch die tägliche Untersuchung der Milchleiste ist sehr wichtig.

In den ersten beiden Tagen ist der Lochialfluss der Hündin schwarz-grünlich, drei bis neun Tage nach der Geburt wird er rötlich bis rötlich-braun, dann rötlich-klar bis hellbraun (bis ca. 21 Tage nach der Geburt). Bei manchen Hündinnen geht das aber auch schneller und ist in diesen Farbabstufungen bis zum achten Tag nach der Geburt bereits abgeschlossen. Sollte die Hündin keinen Lochialfluss haben oder dieser absonderlich stinken, ist das kein gutes Zeichen und Sie sollten den Tierarzt aufsuchen.

Ebenso ist eine **Temperaturerhöhung auf über 39,5 °C** ein Zeichen dafür, dass irgendetwas nicht stimmt. Möglicherweise hat die Hündin eine Infektion!

Liegt die **Hündin apathisch** da und versorgt ihren Nachwuchs nicht oder schlecht, krümmt sie sich eventuell oder stößt wimmernde Laute aus, so zögern Sie keine Sekunde und suchen Sie den Tierarzt auf!

Bei der Kontrolle der **Gesäuge-Leisten** müssen Sie darauf achten, ob Sie eventuell eine **Verhärtung** ertasten.

Auch eine **Berührungsempfindlichkeit**, eine **Rötung**, ein **heißes Gesäuge** oder ein **merkwürdiges Aussehen der Milch** sowie **Fieber** und das **Abwehren der Welpen** sowie ein **Meiden der Welpen** können Hinweise auf eine Mastitis (Milchdrüsenentzündung) sein. Diese kann sowohl homöopathisch als auch antibiotisch behandelt werden. Zu spät erkannt, kann sie der Hündin so starke Schmerzen bereiten, dass sie die Welpen nicht mehr säugen kann – oftmals kommt es zu eitrigen Abszessen und evtl. sogar einem Wanddurchbruch mit ablaufendem Eiter. Durch das begleitende Fieber kommt es häufig zu einer Einstellung der Milchbildung – Sie müssen auf Flaschennahrung umstellen. Auch kann die Infektion als Giftmilchsyndrom zu einer Erkrankung der Welpen oder gar deren Tod führen.

Weitere nachgeburtliche Komplikationen können sein:

- **Uterusruptur** (bei der Geburt nicht erkannt)
- **Scheidenverletzung** – aufsteigende, eiterbildende Bakterien können zu einem Durchbruch zwischen Darm und Scheide führen
- **Lochiometra** – der Lochialfluss verblieb im Uterus, da sich die Gebärmutter nicht ausreichend zusammengezogen hat; daher kommt es zur Intoxikation der Hündin, die

wiederum die Toxine durch die Muttermilch weitergibt, was höchste Gefahr für die Welpen bedeutet

- **Hämorrhagie** – lang anhaltender blutiger Ausfluss, der schubweise abgeht – es muss oft operativ eingegriffen werden. Gelegentlich hilft auch eine subkutane Injektion mit Proligeston oder einem analogen Depotgestagen.
- **Plazentanekrose** – kommt gelegentlich bei sehr jungen Hündinnen vor; die Hündin hat wässrig-blutigen Ausfluss, der Tierarzt muss hier eine Ovariohysterektomie durchführen, wodurch die Hündin nicht mehr zur Zucht verwendet werden kann. Medikamentös ist dies nicht beeinflussbar, allerdings gibt es gelegentlich Spontanheilungen. Wegen des Risikos einer Uterusperforation ist die o.g. Operation jedoch empfehlenswert.
- **Uterusprolaps** (Gebärmuttervorfall) bei einem leichtgradigen Uterusprolaps kann mittels Auflegen von Eispackungen eine Reposition versucht werden, bei hochgradigem Gebärmuttervorfall ist oft nur eine Ovariohysterektomie möglich – die Entscheidung liegt beim Tierarzt, dem die Hündin dringend vorgestellt werden muss
- **Eklampsie** – besonders bei kleinen Rassen führt diese Stoffwechselstörung zu Krämpfen und kann sogar den Tod der Hündin

zur Folge haben. Sie tritt manchmal schon kurz nach der Geburt auf, besonders bei Hündinnen, die sehr viel Milch haben. Diese Erkrankung kann bis einschließlich dritte Woche nach der Geburt auftreten – die Hündin zittert sehr intensiv, eventuell taumelt sie auch – dringend ist jetzt sofortiges Handeln gefragt, denn die Hündin benötigt so schnell wie möglich Kalzium. Als Erste-Hilfe-Maßnahme können Sie ihr sofort etwas Welpen-Ersatzmilch anbieten, die sie sicher annehmen wird. Der Tierarzt sollte ihr auch eine Spritze mit einer Kalzium-Glucose-Lösung intravenös verabreichen.

Wenn bei Ihrer Hündin die Milchbildung stockt, können Sie ihr durchaus helfen. Die Welpen treten mit ihren kleinen Pfötchen gegen das Gesäuge, um den Milchfluss anzuregen (Milchtritt). Dies können Sie imitieren, indem Sie die Gesäuge-Leiste streicheln und massieren. Ihre Hündin wird es genießen und „loslassen". Das bei ihr eintretende Glücksgefühl, wieder hervorgerufen durch Hormone, steuert hierbei die Milchproduktion.

Natürlich kann es immer wieder vorkommen, dass eine Hündin einfach zu viele Welpen hat und diese nicht satt werden. Für diesen Fall sollten Sie Welpen-Ersatzmilch zur Hand haben, um bei Bedarf zufüttern zu können. Für die kleinen Flaschen gibt es extra kleine Sauger für Welpen (erhältlich über Tierzuchtbedarf, z. B. beim Versandhandel wie der Firma „Schecker“ oder beim Tierarzt fragen)

Welpen-Aufzucht

Nach der Geburt sollten Sie die Welpen auf körperliche Anomalien untersuchen. Schauen Sie nach, ob evtl. ein Welpe eine Gaumenspalte hat (richtiges Saugen ist in dem Falle nicht möglich), indem Sie vorsichtig mit dem Finger im Mäulchen fühlen und den oberen Kiefer abtasten. Kontrollieren Sie auch den After, ob der Darmausgang offen ist. Einen Verschluss durch Verwachsen gibt es selten – ein operativer Eingriff muss dann jedoch sofort stattfinden - allerdings mit ungewissem Ausgang aufgrund des zarten Alters. Ist dies nicht möglich, muss der Welpe euthanasiert werden. Kontrollieren Sie auch, ob Gliedmaßen und Schwanz deformiert sind.

Anomalien können – sofern sie nicht genetisch bedingt sind – hervorgerufen werden durch Medikamenten-Gaben während der Trächtigkeit der Hündin, wie z. B. Antibiotika, Pilzmittel, Antiepileptika, Kortison oder Überdosierung von Vitamin A und den Herpesvirus. Manche Rassen neigen zu diversen Missbildungen vereinzelter Welpen.

Wiegen Sie die Welpen nach der Geburt, um feststellen zu können, ob sie in Zukunft richtig zunehmen (und kennzeichnen Sie sie, wenn sie sich gar zu ähnlich sehen).

Ein sehr zarter Welpe, der vielleicht Probleme beim Saugen hat, sollte von Ihnen immer an die hinteren, gut gefüllten Zitzen der Hündin angelegt werden, damit er gegenüber seinen Geschwistern aufholen kann. Für den Fall, dass er zu wenig Kraft zum Ansaugen der Zitze hat: lassen Sie zuerst einen kräftigen Welpen dort ansaugen, nehmen Sie diesen dann zur Seite und legen den zarten Welpen an. Manchmal müssen Sie ihm auch die Zitze halb ins Mäulchen schieben – dies ist oftmals ein Geduldsspiel! Am ersten Tag nach der Geburt haben die Babys weniger Gewicht als zur Geburt selbst. Das ist normal – am dritten Tag sollten aber alle Welpen wieder über dem Geburtsgewicht liegen!

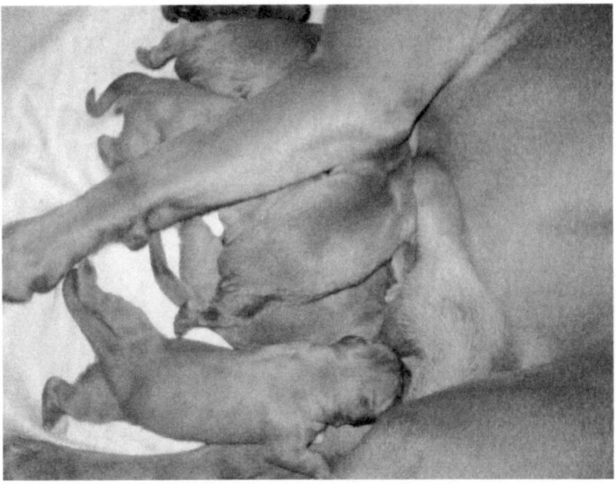

Gierig wird an der „Milchbar“ gesaugt.

Bitte schauen Sie auch nach dem Nabel der Kleinen. Eine Nabelinfektion kann tödlich verlaufen, da die Bakterien direkt in die Bauchhöhle des Welpen gelangen. Ein blau-rosa verfärbtes Nabelschnurende ist völlig in Ordnung. Sollte es zu Blutungen gekommen sein, das Nabelschnurende nochmal quetschen oder abbinden und den Nabel desinfizieren.

Anfänglich brauchen Sie sich gar keine Sorgen zu machen, wenn der Nachwuchs fit und gesund ist und auch gut zunimmt. Eine gute Mutterhündin legt sich häufig zu ihren Welpen, lässt sie saugen und regt mit ihrem Belecken die Darmtätigkeit der Welpen an. Gleich in den ersten Stunden nach der Geburt geht bei den Welpen die Verdauung richtig los, sie scheiden das Darm-Pech aus (schwarzer, fester Stuhl), daher auch der Gewichtsverlust. Die Welpen scheiden fast nur aus (sie lösen sich), wenn die Hündin sie beleckt – daran sollten Sie denken, wenn die Hündin eventuell per Sectio entbunden hat und noch nicht wieder richtig wach ist.

Steht die Hündin also für die Pflege der Welpen nicht zur Verfügung, sind Sie als Züchter gefragt. Sie müssen die Welpen versorgen, indem Sie den Babys das Bäuchlein massieren und mit einem weichen Tuch (z. B. Papiertuch) Genitalien und After säubern. Beim Reiben lösen sich die Kleinen.

Auch bei einer (nach der Narkose noch) schlafenden Hündin können Sie die Babys anlegen, nur müssen Sie unbedingt dabei bleiben, damit die erwachende Hündin nicht aus Versehen ihren Nachwuchs erdrückt.

Ist der Wurf größer als die Zitzen-Anzahl der Hündin, haben Sie schwache Welpen dabei, die absolut nicht trinken wollen bzw. können oder ist die Hündin bei der Geburt verstorben, so müssen Sie den Welpen Hundeersatzmilch aus der Flasche geben. Schwache Welpen sind oftmals nicht in der Lage, kräftig an der Flasche zu saugen – probieren Sie es in diesem Fall mit einer Pipette oder Spritze – aber Vorsicht, nur tropfenweise eingeben! Der kleine Welpe kann sich sonst verschlucken, die Milch in die Lungen atmen und hat dann nicht nur eine Atemdepression, sondern es besteht auch die Gefahr einer Lungenentzündung! Kommt die Milch aus der Nase wieder heraus, sofort aufhören und dem Welpen die Atemwege freimachen (wie zur Geburt: Köpfchen nach unten, vorsichtig „ausschütteln“, abwischen und absaugen).

Im Gegensatz zu menschlichen Babys sollten Sie einen Welpen nicht in Rückenlage füttern. Halten Sie ihn in Bauchlage, fixieren das Köpfchen leicht und geben Sie die Flasche. Mit der Pipette oder Spritze ist es natürlich nicht ganz so einfach, aber auch hierbei sollten Sie den kleinen Wurm nicht auf den Rücken legen!

Haben Sie das Gefühl, dass der Kleine noch nicht ganz fit ist und möglicherweise sein Kreislauf noch nicht richtig funktioniert (Welpe ist kalt, liegt nur auf der Seite und macht keine Anstalten, sich in Richtung Zitzen zu bewegen), so können Sie seinen Kreislauf durch Massage in Schwung bringen und / oder evtl. Rescue-Tropfen oder einen Tropfen Kaffee auf seine Zunge geben. Schmecken wird ihm dies sicher nicht, aber sein Kreislauf wird sich dadurch stabilisieren.

Achten Sie darauf, dass die Welpen immer gut gewärmt werden. Die Unterlage tauschen Sie regelmäßig aus, wenn sie feucht oder schmutzig ist. Die Wärmelampe sollte besonders in den ersten Tagen nach der Geburt Tag und Nacht in Betrieb sein (bitte mit entsprechender Abdeckung wie z. B. Gitterschutz davor, damit sich die Hündin und auch Sie selbst daran nicht verbrennen können). Überprüfen Sie die Wärmeintensität, indem Sie die Hand über die Welpen halten. Die Welpen haben während der Geburt einen Temperaturabfall von ca. 36 °C auf 30 °C; ihre Körpertemperatur steigt in den ersten sieben Tagen wieder auf 37 °C an. Zur Kompensierung ihres Wärmeverlustes sollte ihre Umgebungstemperatur daher in den ersten 7 Tagen bei 30 °C liegen, in der zweiten Woche bei 27 °C und ab der dritten Woche bei ca. 21 °C.

Die Welpen sollten täglich mindestens 5 – 10 % ihres Geburtsgewichtes zunehmen. Nach etwa 7 bis 10 Tagen haben sie daher ihr Geburtsgewicht verdoppelt. Ein Welpe, bei dem das nicht so ist, sollte unbedingt zugefüttert oder häufiger an den hinteren Zitzen angelegt werden. Er wird möglicherweise in seiner körperlichen Entwicklung gegenüber den anderen zurückbleiben, kann aber dennoch ein ansonsten gesunder, vielleicht etwas zierlicherer Hund werden. (Auch für diese Winzlinge gibt es sehr häufig Interessenten – manchmal streitet man sich sogar um den kleinsten Welpen – so einer berührt wohl ganz besonders die Herzen von lieben Menschen!)

Aber das ist nicht unbedingt gesagt. Wir haben selbst schon erlebt, dass ein ehemals sehr zarter und kleiner Welpe derart aufgeholt hat (bis zum Ende seines körperlichen Wachstums), dass er dann genauso stabil war wie die anderen – und zudem war er noch der pfiffigste Welpe, der auch zuerst das Welpenfutter ausprobierte und sich von Beginn an das Bäuchlein vollschlug!

Der Energiebedarf der Welpen geht im Laufe ihrer Entwicklung schrittweise zurück. Benötigt ein Welpe z.B. in der vierten Lebenswoche noch ca. 1050 Kilojoule (251 kcal) pro Kilogramm Körpergewicht täglich, so reduziert sich der Bedarf nach Beendigung der körperlichen Wachstumsphase auf etwa 315 Kilojoule (75 kcal) pro Kilogramm Körpergewicht am Tag.

Sie brauchen nun aber nicht verzweifelt zu rechnen, ob der Hund evtl. zu viel oder zu wenig gefressen hat – Fütterungsempfehlungen stehen zum einen auf der Verpackung des gereichten Futters, zum anderen sehen Sie dem Hund schnell an, ob er vielleicht eine zu dicke Fettschicht auf den Rippen hat. Bei einem optimal gefütterten Hund zeichnen sich die Rippen nicht direkt unter dem Fell ab, er hat ein kleines, tastbares „Pölsterchen" darauf, aber die Rippen sind noch zu tasten und er hat keine Speckfalten.

Welpen sollten bis zur Abgabe (frühestens nach 8. Woche) durchaus „Babyspeck" auf den Rippen haben. Das ist normal, denn sie laufen diesen dann erst richtig ab (wie auch Kleinkinder, die gerade erst das Laufen und Rennen gelernt haben). Ein propperer Welpe mit einem kugelrunden Bäuchlein ist fitter und gesünder als ein „Hungerhaken", bei dem schon ein klein wenig Durchfall lebensbedrohlich sein kann. Aber Vorsicht: Nicht jeder Kugelbauch ist ein gutes Zeichen! Welpen mit einem auffälligen runden und festen Bäuchlein können auch verwurmt sein!

Ab Ende der 3. Lebenswoche müssen sowohl die Welpen als auch die Mutterhündin regelmäßig entwurmt werden. Lassen Sie sich dazu von Ihrem Tierarzt beraten! Wir geben unserer Hündin ein Mittel in Tablettenform, das wir ihr in einem Stück Leberwurst verabreichen. Sie nimmt dies natürlich gern.

Da aber manche Hunde durchaus den „Fremdkörper“ im Futter erspüren können (wenn sie es nicht in einem Ritt hinunterschlucken), kann man die Tablette auch zerkleinern und dann „einpacken“. Die Welpen bekommen ihre Entwurmung mit einem Applikator – z. B. in einer Spritze (natürlich ohne Nadel) grammgenau aufgezogen – seitlich am Maul eingeführt und in die hintere Mundhöhle verabreicht. Das gefällt ihnen überhaupt nicht und sie verziehen das Mäulchen, kauen „hoch“ und versuchen, mit der Zunge einiges davon wieder hinauszuschieben. Gelegentlich spucken sie auch, aber der größte Teil verbleibt drinnen. Die Entwurmung sollte alle 2 – 3 Wochen erfolgen, ebenso für die Mutterhündin, zumindest solange die Welpen noch saugen dürfen.

Wenn die Welpen drei Wochen alt sind, beginnt man mit der Fütterung von fester Nahrung. Um sie an das ungewohnte Kauen der Nahrung zu gewöhnen, ist es ratsam, ihnen anfänglich Welpen-Dosenfutter zerdrückt anzubieten. Damit es etwas flüssiger ist, können Sie ein wenig Welpen-Ersatzmilch (oder Wasser) darunter rühren. Diese Milch-Welpenfutter-Brei-Nahrung wird von den Babys meist besser angenommen. Manche stürzen sich aber gleich auf das zerdrückte Fertigfutter.

Sehr empfehlenswert ist hier das „Junior“ Dosenfutter von Schlecker (Eigenmarke AS) oder das bei Netto erhältliche Dosenfutter „Junior“.

Mit beiden Marken haben wir die besten Erfahrungen gemacht. Aber Achtung: Oftmals müssen die Kleinen - sofort nachdem sie das Futter zu sich genommen haben (und manchmal schon „mittendrin“) - ein Häufchen machen. Also bewaffnen Sie sich gleich mit Papiertüchern für die Reinigung. Die Hündin sollten Sie bei der Fütterung vorübergehend ausquartieren, denn diese wird sich sonst auf das begehrenswerte Futter stürzen – ohne Rücksicht auf ihre hungrigen Kinder!

Anfangs bieten Sie den Welpen ca. viermal täglich kleine Portionen an. Wenn die Hündin genügend Milch hat, werden sie sich wahrscheinlich nicht so sehr darauf stürzen. Das ändert sich aber, wenn sie erst einmal „auf den Geschmack gekommen“ sind.

Die Portionen werden natürlich immer größer, je nach Bedarf. Fressen die Kleinen alles hintereinander auf, so geben Sie beim nächsten Mal etwas mehr. Bereits wenn die Welpen 4 Wochen alt sind, stellt man ihnen Welpen-Trockenfutter mit in die Wurfkiste – und natürlich einen Wassernapf daneben. Haben die Kleinen die Möglichkeit, jederzeit die Wurfkiste zu verlassen, können Sie Futter und Wasser auch neben die Wurfkiste stellen. Die Welpen werden anfangs spielerisch noch auf den kleinen Brocken herumkauen, aber so können sie jederzeit ihren Hunger und Durst stillen, auch wenn Mama mal nicht in Reichweite und die Dosenfütterungszeit noch nicht heran ist.

Ganz besonders gut ist das auch zur Unterstützung des Zahn-Durchbruchs, der damit angeregt wird.

Natürlich können Sie nun auch Spielzeuge in die Welpenkiste legen, aber bitte nichts, was die Kleinen verschlucken könnten – es gibt sehr viele gute Angebote in einschlägigen Hundekatalogen oder im Zoofachhandel. Wenn Sie möchten, können Sie den Welpen auch getrockneten Pansen, getrocknete Putenhälse oder –flügel sowie Hühnerherzen u. ä. in die Box legen, worauf sie herumkauen können.

Sind die Welpen ausreichend an das Welpen-Dosenfutter gewöhnt und nehmen auch schon gern mal Welpen-Trockenfutter, können Sie das Dosenfutter langsam reduzieren. In der 7. und 8. Lebenswoche ist es günstig, die Welpen auf Trockennahrung (nur Junior!) umzustellen. Allerdings raten manche Züchter großer Rassen, die schon Magendrehungen erlebt haben, davon ab, diese Trockennahrung auch als solche zu verfüttern. Sie weichen die entsprechende Menge gern ein und füttern diese großen Hunde lieber mehrmals am Tag.

Verabreichen Sie eingeweichtes bzw. Nass-Futter, müssen Sie die Kleinen mehrmals am Tag füttern (4-5mal). Füttern Sie Trockenfutter, so können Sie dieses ohne Einschränkung anbieten, lassen Sie es einfach stehen und füllen Sie bei Bedarf den Napf auf, die Welpen bedienen sich.

Nicht aufgebrauchtes Nassfutter jedoch verdirbt schnell, weshalb es entsorgt werden muss.

Trockenfutter bringt für die künftigen Besitzer große Vorteile:

1. bessere Haltbarkeit des Futters
2. geringeres Gewicht (Wasseranteil fehlt)
3. eine kleinere Menge genügt, um den Energiebedarf zu sichern (da es aber erst im Magen quillt, muss ausreichend Wasser zur Verfügung stehen und der Bedarf streng kontrolliert werden, um Gewichtsproblemen vorzubeugen)
4. keine Geruchsbelästigung
5. preislich günstig

Es ist immer noch ein weit verbreiteter Irrglaube, dass man Hunden eine große Futtervielfalt anbieten sollte. Hat man erst einmal mit einem 5-Gänge-Menü angefangen, wird die „Diva" oder der „Herr-von-und-zu" natürlich verwundert dreinschauen, wenn es nur einfaches Trockenfutter gibt und wird anfangs nichts oder nur widerwillig davon fressen. Der Hundeblick zu Frauchen und / oder Herrchen wird sagen: „Reiche man mir gefälligst etwas Schmackhafteres!"

Daher legen Sie als Züchter den Grundstein und erläutern den Käufern Ihrer Welpen, warum Sie was, wann und wie viel gefüttert haben!

Auch sollten Sie unbedingt darauf hinweisen, dass eine einmalige Fütterung am Tag – auch für einen erwachsenen Hund - recht bedenklich sein kann. Ganz besonders – wie schon gesagt – bei großen Hunderassen. Bei Welpen ab 7. Woche ist eine Fütterung mindestens drei Mal am Tag zu gewährleisten, davor vier bis fünf Mal am Tag. Bei Flaschenaufzucht muss aller vier Stunden gefüttert werden, auch in der Nacht. Die Welpen großer Rassen müssen zudem eine hohe Futtermenge aufnehmen, um genügend Energie zu bekommen, eine daraus resultierende Magendrehung wäre fatal, denn die Welpen werden nicht unbedingt nach der Fütterung Ruhepausen einhalten! Magendrehungen kommen meist bei ausgewachsenen Hunden ab ca. 22 kg Körpergewicht vor, eine genetische Veranlagung kann nicht ausgeschlossen werden.

Achten Sie ab Beginn des dritten Monats darauf, dass die Welpen ausreichend fressen. Jeder Welpe ist individuell zu betrachten. Ein kleiner Faulpelz sollte etwas weniger fressen als seine Wurfgeschwister, die sich nur balgen und viel rennen. Manche Welpen können sich nicht gegen ihre Wurfgeschwister durchsetzen und stehen nach dem Fressen der anderen vor einem leeren Napf. Bitte achten Sie darauf, dass alle Welpen ihre Portionen erhalten.

Bei großen, schweren Hunderassen muss ganz besonders auf ein kontinuierliches – aber keinesfalls zu schnelles - Wachstum geachtet werden.

Leider kommt es sonst sehr häufig zu Skelettproblemen – eine Hüftgelenksdysplasie steht dabei an erster Stelle!

Wenn die Babys groß genug sind, um auch draußen spielen zu dürfen, sollten Sie die Fütterung erst nach dem Toben vornehmen. Lassen Sie die Welpen anfangs nur wenige Minuten hinaus, später länger und füttern Sie erst dann, wenn alle wieder im Wurfzimmer und müde sind. Die Babys werden nach ihrem Ausflug Hunger und Durst haben und sich nach der Mahlzeit erschöpft in ihre Kiste legen. Das ist perfekt so! Wenn Sie ausgeschlafen haben, lassen Sie die Rasselbande gleich wieder hinaus (wenn möglich), damit sie sich entleeren können (funktioniert oft recht gut, denn die Racker müssen immer, wenn sie wach werden) und nach dem Toben – wieder hinein und fressen.

Ja, sicher – Sie haben ja den ganzen Tag nichts anderes zu tun – werden Sie jetzt vor sich her grummeln. Diesen Zeitaufwand muss man vorher einkalkulieren, wenn man ein guter Hundezüchter werden will!

Nun noch ein Hinweis zur Verwendung von Trockennahrung. Man muss keinerlei Bedenken haben, dass diese Nahrung dem Hund schaden könnte.

Früher hat man befürchtet, dass dadurch Erkrankungen der unteren Harnwege (vor allem Harngries und Harnsteinbildung) hervorrufen werden können.

Dies ist nicht der Fall, zumal die Industrie entsprechend reagiert hat und nunmehr auf den Ph - Wert achtet. Statistisch gesehen leiden Tiere, die mit Dosenfutter gefüttert werden, genauso oft an derartigen Erkrankungen wie Tiere (Hunde und Katzen), die Trockennahrung bekommen.

Eine gute Welpennahrung selbst herzustellen, ist sehr schwierig, denn es ist dabei sehr vieles zu beachten und im Welpenalter wird der Grundstein für eine gute oder aber weniger gute körperliche Entwicklung des Hundes gelegt – dies gilt auch für Übergewicht.

Beachten Sie bitte, falls Sie dennoch die Nahrung selbst zubereiten wollen, dass Kohlenhydrate, die rein pflanzlich sind, vom Hund nur in gekochtem Zustand verwertet werden können. Der Verdauungstrakt eines Fleischfressers kann diese Energie sonst nicht nutzen. Ganz besondere Vorsicht ist auch bei der Frischfleischfütterung geboten. Bakterien, Keime und Parasiten können bei den Welpen großen Schaden anrichten. Außerdem kann eine zu intensive Fleischfütterung zu Kalziummangel führen und dieser wiederum zur Entkalkung der Knochen.

Gerade in den ersten 12 – 24 Monaten ist aber der Kalziumbedarf besonders hoch, da sich das Skelett noch im Aufbau befindet. Es gäbe verheerende Folgen! Überdenken Sie dies gründlich und lassen Sie sich im Zweifelsfall von Ihrem Tierarzt beraten!

Mit einer industriell gefertigten Welpen-Nahrung – gleichgültig, ob Trocken- oder Dosenfutter – sind Sie immer auf der sicheren Seite!

Hinweis: Bitte achten Sie darauf, Ihren Welpen rechtzeitig die Krallen zu kürzen bzw. die Spitzen der Krallen abzurunden, solange sie noch bei der Hündin saugen. Es kann sonst zu infektiösen und schwerwiegenden Verletzungen am Gesäuge der Hündin kommen! ACHTUNG! Die Krallen sind mit Nervenbahnen und Blutgefäßen durchzogen, gehen Sie sehr behutsam vor!

Es schmeckt!

Welpen-Entwicklung

Sie sind sicherlich sehr gespannt, wie die einzelnen Entwicklungsschritte der Welpen aussehen und wann mit welchem Entwicklungsschritt zu rechnen ist. Hier ein kleiner Überblick:

Vegetative oder neonatale Phase: 1. bis 10./14. Lebenstag

Die Welpen sind blind und taub, haben einen schwach ausgeprägten Geruchssinn und reagieren nur auf Kälte und Hunger. In dieser Phase reagieren sie noch nicht auf Umweltreize wie Licht und Lärm, sondern nur mit angeborenen Verhaltensweisen. Dazu gehören das Herumkriechen im Kreis (um bei den wärmenden Geschwistern zu liegen oder zur Milch- und Wärmequelle, der Mutter, zu gelangen), das Stoßen mit der Nase ins Fell (um eine Zitze zu finden), der Milchtritt (um die Laktation anzuregen), das Abstemmen der Hinterbeine (um die Position an der Zitze halten zu können) und letztlich das feste Ansaugen der Zitze zur Nahrungsaufnahme. Kot- und Urinabsatz werden durch Belecken der Mutter angeregt.

Am 10 – 14. Tag öffnen sich die Augen der Kleinen, kurz danach auch die Ohren, die bis zu diesem Zeitpunkt wie verklebt wirken und eng am Köpfchen anliegen.

Schon in den ersten Tagen sollte man die Babys häufig streicheln und in die Hand nehmen, um sie mit dem Menschen, seinen Berührungen und Gerüchen vertraut zu machen.

Manche Züchter schwören darauf, dass eine Stimulierung der Sohlen der Welpenpfötchen gut für deren Entwicklung ist. Ihr Gehirn würde sich durch diese Berührung – ähnlich den Reizen bei Reha-Maßnahmen beim Menschen – schneller entwickeln und der Hund wäre später lernfähiger als nicht auf diese Weise stimulierte Hunde. Nun, ob dem so ist, kann ich leider nicht beurteilen, ich war immer begeistert von unserem Nachwuchs und der Entwicklung jedes einzelnen Welpen. Jeder war ein Unikat, der eine tollpatschiger als der andere, einer zurückhaltend, einer ein Schlingel, einer ein Raufbold und wieder ein anderer der absolute Schmusebär. Pfiffig waren sie alle, der eine lernte eben etwas schneller, der andere langsamer, egal, ob ich die Pfötchen-Stimulierung ausprobiert hatte oder nicht. Dazu hätte man Tests bis ins Erwachsenenalter und im Vergleich dazu Tests mit nicht stimulierten Hunden machen müssen.

Empfohlen wird eine Pfotenstimulation allerdings bei Welpen mit dem sogenannten **„Schwimmersyndrom“**; dies äußert sich durch ein flaches Aufliegen des Welpen auf dem Boden und schwimmartige Bewegungen der Beine, ohne auf diesen stehen zu können, während die Geschwister vielleicht schon herumlaufen. Lassen Sie sich von Ihrem Tierarzt beraten. Diese Fehlstellung verwächst sich sehr oft, sie ist meist korrigierbar, sodass es für eine voreilige Euthanasie keinen Grund gibt!

Übergangsphase: 3. Lebenswoche

In der dritten Lebenswoche beginnen die Welpen zuerst die Vorderbeinchen aufzustellen und später auch auf den Hinterbeinchen zu stehen. Gelegentlich gelingt es ihnen auch schon – anfangs noch etwas wackelig – ihre Beinchen so unter dem Körper zu sortieren, dass der eine oder andere Schritt schon glückt. Natürlich ist aller Anfang schwer und wer schon das erste Mal auf allen vier Beinchen gestanden hat, wird sicherlich kurz darauf wieder umfallen und auf dem Rücken landen. Aber unermüdlich wird erneut probiert und es gelingt immer besser. Ein gut gepolsterter, aber griffiger Untergrund ist bei den ersten Stolperschritten eine gute Hilfe.

Wenn die Babys ihre ersten Schritte tun, suchen sie sich auch schon allein ein Eckchen, in dem sie sich lösen. Sie müssen nun nicht mehr durch Belecken der Mutter stimuliert werden, sondern setzen Kot und Urin selbständig ab. Dennoch leckt die Hündin die Kleinen sauber, sobald sie in der Wurfkiste ist und auch dabei lösen sich die Babys.

Die Welpen lernen nun auch ihre Mutter und die Geschwister richtig kennen, sie sehen sie, hören sie und riechen sie von Tag zu Tag besser. Bald kommen sie der Mutter freudig entgegen, wenn diese in die Wurfkiste zurückkehrt. Auch erste Interaktionen miteinander finden statt.

Die nun folgenden Phasen gehen fließend ineinander über, sie wurden zur besseren Verständlichkeit mit „in etwa-Zeiten" versehen. Vollständig voneinander abzugrenzen sind sie nicht.

Prägephase: 4. bis 8. Lebenswoche

Ab Beginn der vierten Lebenswoche probieren die Welpen das ihnen angebotene Welpenfutter aus. Sie sind neugierig und erkunden ihre Umgebung. Nun sollten sie schon mit verschiedenen Reizen in Berührung kommen.

Das Laufen auf den unterschiedlichsten Untergründen gehört unbedingt dazu. Von großem Vorteil ist es, wenn sie schon eigenständig die Wurfkiste verlassen können, um sich zu lösen – dabei kann man ihnen entsprechende Untergründe nahebringen, z.B. die Kuscheldecke in der Wurfkiste, außerhalb dieser ein Holzboden, Laminat, Fliesen oder PVC, ausgelegt mit Zeitungen oder Hobelspänen (innerhalb eines Welpenauslaufes).

Wichtige Reize für die Welpen sind auch unterschiedliche Geräusche, wie z.B. Radio oder Fernseher (anfangs leise, später etwas lauter), ein eingeschalteter Staubsauger oder Fön, andere Tiere (wenn möglich), andere Hunde – vorzugsweise der eigene Vater (der später eine wichtige Rolle bei der Erziehung der Welpen spielt), lärmende Kinder, auch fremde Besucher – eben alles, wovor sie später einmal nicht schreckhaft zurückweichen sollen. Der Mensch als Sozialpartner und Rudelführer sollte ebenfalls intensiv Kontakt aufnehmen.

All diese Umweltreize prägen die Welpen. Fehler, die in dieser Zeit gemacht werden, ziehen oft ein lebenslanges Fehlverhalten nach sich. Wurde beispielsweise ein Welpe in dieser Phase nicht an die Geräusche eines Staubsaugers gewöhnt, so könnte es sein, dass er ein Leben lang davor zurückweicht, sich verkriecht oder gar versucht, ihn „anzugreifen“ (Angstbeißen).

Die Welpen haben während der Prägephase im Rudel oftmals noch Narrenfreiheit. Bei Kontakt mit älteren Rudel-Mitgliedern sind diese recht nachsichtig, auch wenn die Kleinen auf ihnen herumspringen, sie an Pfoten, Ohren und Schwanz ziehen. Gelegentlich wird zwar geknurrt, aber die Älteren verletzen die Babys nicht ernsthaft, sondern suchen lieber das Weite – z. B. retten sie sich auf einen erhöhten Platz, um vor den Quälgeistern Ruhe zu haben.

Die Sinnesleistungen der Welpen werden nun voll ausgebildet. Sie reagieren auf Reize und lernen spielerisch Dominanz- und Demuts-Gesten und Verhaltensweisen im Umgang miteinander. So wird geknurrt, mit dem Schwanz gewedelt, werden auch mal die Zähne gezeigt (die nun durchbrechen) und die Ohren angelegt.

Beim Gerangel miteinander versuchen sie, den Partner in die Rückenlage zu bringen, der sich das nicht ohne heftige Gegenwehr gefallen lässt, denn er will ja nicht der Unterlegene sein. Jetzt werden demzufolge erste Rangordnungsspiele erprobt und erforderliche Beschwichtigungsgesten gelernt, wobei es manchmal durchaus sehr laut zugehen kann. Aber auch wenn ein Welpe mal quiekt, dies ist kein Anlass zur Sorge. Er lernt z. B. gerade: „Wenn ich meinen Bruder heftig am Ohr ziehe, zwickt er kräftig zurück und das tut weh!“

Sind die Welpen im Freien – beispielsweise im Garten – unterwegs, so übernimmt auch der Papa oftmals eine betreuende Rolle. Er hütet sie und schubst den einen oder anderen Ausreißer wieder zum Rudel zurück, wenn der sich zu weit entfernt hat. Die Mutterhündin, die sich vielleicht noch in der vierten Woche zwischen die anderen Rudel-Mitglieder und ihren Nachwuchs gestellt und alle weggeknurrt hat, beobachtet, lässt aber den Kontakt meist zu. Nur wenn es gar zu laut wird und ein Welpe quiekt, wird sie nachsehen und evtl. dazwischen gehen.

Wenn die Welpen so viel wie möglich Sozialkontakte erleben, ist dies positiv zu bewerten. Sie sollten nach Möglichkeit andere Tiere und deren Eigenschaften kennenlernen, z. B. Katzen, die schon mal die Krallen herausfahren, wenn es die Bande zu bunt mit ihnen treibt. Auch ältere Hunde und Hunde anderer Rassen – große und kleine – wären jetzt ideal.

Selbstverständlich soll auch der Kontakt zum Menschen niemals abreißen. Eine alte Oma, ein erwachsener Mann, ein junges Mädchen, Kinder und Babys sind für die Kleinen nicht einfach nur „der Mensch". Dass jeder von ihnen anders reagiert, müssen sie ebenfalls lernen.

Im Freien – alles ist neu. Die Umgebung wird erkundet.

Daher lassen Sie ruhig so viele Besucher wie möglich zu, die die Kleinen streicheln, hochnehmen und mit ihnen kuscheln oder mit denen sie toben können. Vor der ausgestreckten Hand eines Menschen sollte kein Welpe zurückweichen, sondern neugierig näher kommen.

Ganz wichtig ist demzufolge, dass Sie bei den menschlichen Kontakten ebenfalls dabei sind – besonders bei Kindern. Sie sollten Kinder darauf vorbereiten, dass auch das Zwicken mit kleinen Welpen-Zähnchen weh tun kann (wenn sie dann selbst „aua" schreien, ist das sogar gut, damit der Welpe weiß, dass er etwas falsch gemacht hat; die Kinder dürfen nur nicht den Hund ihrerseits vor Schreck schlagen oder gar treten, dieser Welpe würde dann Kindern künftig aus dem Weg gehen oder sie anknurren und schlimmstenfalls sogar beißen).

Sagen Sie den Besuchern, dass sie beim Laufen sehr vorsichtig sein müssen, denn die Welpen lieben es, an Hosenbeinen zu ziehen oder in Schuhe zu beißen und sie wuseln gern um den Menschen herum. Es wird sicher ab und zu trotzdem passieren, dass man mal einen Zwerg übersieht und sein Pfötchen erwischt oder dass er übers Gras kullert, weil er uns schwungvoll vor die Füße gelaufen ist.

Der Welpe muss demzufolge auch lernen, dem laufenden Menschen aus dem Weg zu gehen oder zumindest auf seine Laufrichtung zu achten und ggf. auszuweichen.

Sozialisierungs- und Rangordnungsphase: 9. bis 16. Woche

Jetzt beginnt für jeden Welpen der Ernst des Lebens. Befindet er sich noch im Rudel, so wird er nun von den älteren Tieren permanent zur Ordnung gerufen, wenn er seine Grenzen austesten möchte.

Schlechtes Benehmen wird konsequent bestraft. Überschreitet er Grenzen, wird er weggeknurrt, es wird nach ihm geschnappt oder gar mit einem Nackenbiss das „Totschütteln“ angedeutet. Erst wenn er sich unterwirft, wird von ihm abgelassen. Selbst seine Mutter geht jetzt sehr rigoros mit dem Kleinen um. Sie lässt sich nichts mehr gefallen und ihn auch nicht mehr unbedingt an ihren Napf, wenn sie selbst gerade fressen will. Nun sind für ihn die bereits erlernten Unterordnungsgesten sehr wichtig. Er wird sich nach einer solchen Erziehungsmaßnahme nur einmal schütteln, dann ist alles wieder gut und er hat verstanden, denn die Älteren werden ihn in der Regel nicht ernsthaft verletzen.

Ein **Irrtum** jedoch ist der sogenannte **Welpenschutz**. Ein Hund aus dem eigenen Rudel wird die Welpen in der Regel akzeptieren, ein fremder Hund jedoch sieht keinen Anlass für einen zartfühlenden Umgang. Bitte achten Sie darauf, dass Ihr Welpe mit fremden Hunden nur unter Ihrer Aufsicht - mit der Möglichkeit eines sofortigen Einschreitens - Kontakt aufnimmt. Es kann auch vorkommen, dass, wenn Sie zwei Hündinnen im Haushalt haben, die andere Hündin die Welpen attackiert, da sie meint, die Alphahündin zu sein und der Mutterhündin stünden daher keine Welpen zu (in einem Wolfsrudel darf nur die Alpha-Wölfin Welpen bekommen, die Welpen einer anderen Wölfin würden totgebissen). Es kam bereits - und dies nicht selten - zu tödlichen Bissvorfällen. **Haben Sie stets ein Auge auf Ihre Welpen!**

Auch der Mensch muss nun ganz besonders achtgeben, dass sich der Kleine keine Freiheiten herausnimmt, die ihm nicht zustehen. Eine konsequente, aber ruhige, geduldige und liebevolle Erziehung sollte an erster Stelle stehen. Der Welpe muss sich nun auch im Menschenrudel entsprechend ein- und unterordnen lernen. Lesen Sie bitte hierzu mein Buch: „Er will doch nur spielen – Das kleine Welpen-Einmaleins“.

Geduldig erzieht die Hündin ihren Nachwuchs.

Der Welpe bzw. Junghund wird immer wieder versuchen, seine Grenzen neu zu definieren, es liegt an Ihnen als Halter, ihm bewusst zu machen, was er darf und was nicht. Ein Welpe, der Hausschuhe anknabbern darf, weil das „so süß" ausschaut, wird als erwachsener Hund kein Einsehen für ein plötzliches Verbot haben. Ein „Pfui!" und die sofortige Wegnahme des Hausschuhes sind angebracht, eine Alternative in Form von Welpenspielzeug und lobendes Zureden helfen dem Welpen, nach und nach zu verstehen. Ein Hund muss durch uns Menschen lernen, denn er hat keine (moralischen) Vorstellungen von dem, was uns angenehm ist und was nicht.

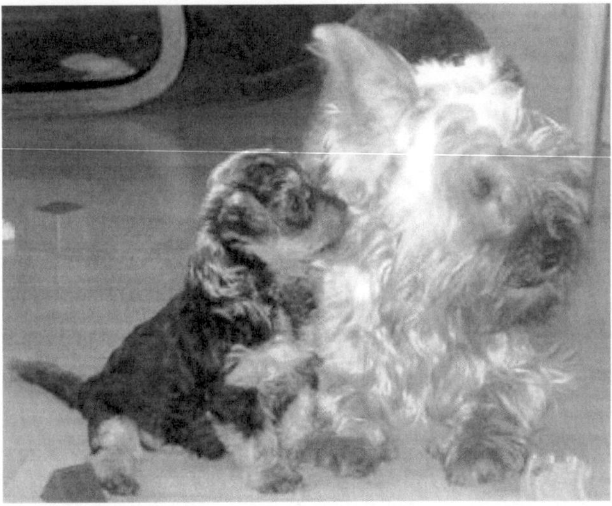

Vater und Sohn – noch ist dem Kleinen vieles erlaubt.

Ungewollte Trächtigkeit

Ihre Hündin ist ungewollt trächtig geworden, nachdem sie ausgebüxt war und Sie wissen nicht, welcher Rüde sie gedeckt hat?

Es gibt zwei Möglichkeiten: die Welpen austragen lassen oder ein Trächtigkeitsabbruch.

Mancherlei Gründe sprechen eindeutig gegen das Austragen der Welpen; das sind beispielsweise:

- Die Gesundheit der Hündin: Hat sie bereits bestimmte Krankheiten, die einer Trächtigkeit entgegenstehen? Befragen Sie dazu den Tierarzt, der die Krankengeschichte Ihrer Hündin genau kennt.
- Das Alter: Ihre Hündin leidet schon unter diversen Alterserscheinungen und würde möglicherweise eine Geburt nicht überleben oder die Hündin ist noch sehr jung, was allerdings nicht unbedingt ein Abbruchgrund sein muss – befragen Sie auch in diesem Fall Ihren Tierarzt.
- Ihre Hündin ist extrem übergewichtig und würde wahrscheinlich die Geburt wegen Kreislaufversagen oder Herzschwäche nicht überleben.
- Ihre Hündin hat einen zu zarten Körperbau, die Beckenmaße werden eine natürliche Geburt nicht möglich machen.

- Sie wissen, dass die Hündin (kleine Rasse) von einem Rüden einer viel größeren Rasse gedeckt wurde und die Welpen eventuell so groß sein werden, dass eine normale Geburt nicht möglich wird.
- Sie haben keine Möglichkeit (Platz- oder Zeitmangel), die Hündin und ihre Welpen gut unterzubringen und zu betreuen. Es besteht auch keine Alternative bei guten Freunden oder einer Familie, mit der die Hündin gut vertraut ist.
- Sie hatten bereits beschlossen, die Hündin kastrieren oder sterilisieren zu lassen.

Sollte der letzte Punkt zutreffen, ist die Entscheidung sehr einfach: Lassen Sie die Kastration sofort durchführen. Statt einer Sterilisation können Sie gleich eine Kastration vornehmen lassen.

Wenn die Kastration nicht in Frage kommt, gibt es die Möglichkeit, die Embryos durch Injektionen abzutreiben.

Diese Art des Trächtigkeitsabbruchs wird auch Nidationsverhütung genannt. Dabei wird – wenn der Eingriff im frühen Stadium der Trächtigkeit stattfindet (Tag 0 bis 25) – zweimalig im Abstand von 24 Stunden ein Mittel gespritzt (Aglepristone), die Kontrolle mittels Ultraschall erfolgt nach 20 Tagen. Sollten noch Föten vorhanden sein, ist eine weitere Injektion notwendig.

Bei einem späteren Trächtigkeitsabbruch (Tag 26 bis 45) erfolgt ebenfalls eine zweimalige Injektion innerhalb von 24 Stunden mit Aglepristone. Hierbei sollte die Erfolgskontrolle bereits nach 8 Tagen erfolgen und – falls notwendig – eine weitere Injektion verabreicht werden.

Man kann auch einen Abbruch mit einer am dritten, fünften und siebenten Tag der Trächtigkeit verabreichten Östrogeninjektion (Oestradiolbenzoat) bewirken. Die Folge ist eine erneute Läufigkeitsentstehung, welche wieder drei Wochen anhält. In dieser Zeit ist jeder Rüdenkontakt zu vermeiden. Durch die erneute Hitze wird die Anlagerung der Embryonen in der Gebärmutter verhindert. Allerdings ist diese Methode umstritten und sollte maximal einmal zur Anwendung kommen, da in der Folge gesundheitliche Störungen auftreten können. Ganz besonders gilt dies in Hinsicht auf das Risiko einer induzierten Pyometra (Hervorrufen einer eitrigen Gebärmutterentzündung). Dies wäre ganz besonders bei Zuchthündinnen fatal, da hierdurch auch eine spätere Sterilität nicht auszuschließen ist.

Sterilisierung und Kastration

Sterilisierung:

Bei der Sterilisierung werden der Hündin die Eileiter und dem Rüden die Samenleiter durchtrennt. Die Sterilisierung ist nur in Vollnarkose möglich. Auch wenn die Eingriffe sowohl bei der Hündin als auch beim Rüden nicht so sehr groß sind, so muss doch die Bauchdecke geöffnet werden und auch die Narkose birgt immer ein gewisses Risiko.

Die Hormonproduktion wird durch diesen Eingriff nicht beeinflusst. So tritt bei der Hündin weiterhin der Läufigkeitszyklus auf, sie kann jedoch nicht mehr trächtig werden. Der Rüde ist nach einer gewissen Zeit nicht mehr zeugungsfähig, kann aber trotzdem einen Deck-Akt vollziehen und dabei auch „hängen". Sein Interesse an heißen Hündinnen wird noch immer vorhanden sein und sein testosteronbedingtes Verhalten wird sich nicht verändern. Ein Eingriff in den Hormonhaushalt wird nicht vollzogen, da lediglich die Samenstränge bzw. Eileiter durchtrennt werden.

Kastration:

Bei der Kastration des Rüden werden diesem die Hoden entfernt, die im Normalfall außerhalb des Abdomens liegen, wodurch dieser auch nicht geöffnet werden muss. Der Eingriff ist als minimalinvasiv zu bewerten.

Die Kastration der Hündin ist weitaus schwieriger. Der Hündin werden die Eierstöcke und die Gebärmutter entnommen.

Der operative Eingriff, bei dem nur die Eierstöcke entfernt werden, heißt Ovarioektomie; wenn Eierstöcke und Gebärmutter entfernt werden, heißt der Eingriff Ovariohysterectomie. Wissenschaftliche Studien haben ergeben, dass es keine begründete Indikation für die Mitentfernung der Gebärmutter gibt – mit einer Ausnahme: Hatte die Hündin bereits eine (oder mehrere) Gebärmutterentzündungen oder leidet sie bereits an Tumoren bzw. hat sie einen Gebärmuttertumor, so ist u. U. die Ovariohysterectomie die bessere Wahl.

Allerdings können – wie bei jeder Operation – Risiken nicht ausgeschlossen werden.

Abgesehen vom „normalen Narkoserisiko" kann es beispielsweise zu Verletzungen an der Blase oder einer Wundheilungsstörung etc. kommen. Auch wenn der Eingriff gut verlaufen ist, kommt es bei jeder fünften Hündin durch die fehlenden Hormone, die die Aktivität des Blasenmuskels beeinflussen, zum Harntröpfeln.

Die Hormonproduktion ändert sich nach dem Eingriff. Ein kastrierter Rüde wird vielleicht nicht mehr jeder Hündin hinterher hecheln und auch im Umgang mit anderen Rüden etwas gemäßigter sein – eine Garantie für Verhaltensänderungen gibt es aber durch die Kastration nicht. Aggressive und dominante Hunde werden diese Eigenschaft nicht unbedingt durch Kastration ablegen, es sei denn, dieses Verhalten war tatsächlich allein hormongesteuert. Sollte die Kastration bereits vor der ersten Hitze der Hündin erfolgen, so kann diese welpenhaft verspielt bleiben.

Auch das Fell der Hunde verändert sich in der Regel. So behalten oder bekommen sie wieder eine Art „Welpenfell", was bei manchen Hunderassen unerwünscht ist. Die Unterwolle wird oft zu einem starken Wachstum angeregt.

Besonders aufpassen muss man bei der Fütterung. Durch den veränderten Hormonhaushalt ist der Energiebedarf des Hundes nicht mehr so hoch, die Hunde können sehr schnell verfetten. Diese Beispiele sehe ich immer wieder in meinem Hundesalon. Fast jeder übergewichtige Hund mit Flauschfell, der zu mir kommt, ist ein kastrierter Hund.

Achten Sie bei einem kastrierten Hund besonders auf Ernährung und Gewicht.

Natürlich entstehen nicht nur Nachteile durch die Kastration, das möchte ich an dieser Stelle betonen. Und selbstverständlich stelle ich hier nur meine eigene Meinung dar. Oft gibt es zwingende Gründe, eine Kastration durchführen zu lassen – für mich persönlich sind dies medizinische Gründe, wie zum Beispiel: Gebärmutterentzündungen, Tumore der Gebärmutter, Dauerläufigkeit und häufige Scheinträchtigkeit. Beim Rüden wäre ein Grund permanentes Markieren – ganz besonders, wenn dies in der menschlichen Behausung stattfinden sollte und natürlich bei Hodenkrebs. Weitere Gründe wären testosteronbedingte Verhaltensweisen, die entweder den Menschen oder den Hund leiden lassen. Das **kann** das aggressive Verhalten gegenüber anderen Rüden sein sowie die ständige Fressunlust des Hundes, wenn eine läufige Hündin in der Nachbarschaft verkehrt. Ein weiterer Grund wäre das permanente Jaulen in der Wohnung, wenn der Rüde den Geruch einer läufigen Hündin aufgenommen hat und natürlich das Ausbüxen bzw. Streunen, sobald er von der Leine gelassen wird. Um aber herauszufinden, was davon „erlernte“ Verhaltensweisen sind, die man durch Erziehung beeinflussen kann und was wirklich testosteronbedingt ist, sollte man als Laie einen Hundetrainer oder Veterinär befragen, der sich mit Verhaltensforschung und -therapie befasst. Denn nichts ist frustrierender, als einen Hund aus derartigen Gründen kastriert zu haben - und dann ist das Verhalten unverändert.

Allerdings würde ich in diesem Fall probeweise eher auf die „Methode der chemischen Kastration“ zurückgreifen.

Es gibt z. B. die Möglichkeit einer antiandrogenen Injektion oder das Einpflanzen eines Suprelorin-Chip beim Rüden.

Was ist ein Suprelorin-Chip?

Suprelorin enthält den Wirkstoff Deslorelin und ist in Form eines Implantatinjektors beim Rüden einsetzbar, der diesen vorübergehend unfruchtbar macht. Eine dauerhafte unumkehrbare Kastration kann man so vermeiden. Dabei wird der Chip subkutan (unter der Haut) auf dem Rücken des Rüden zwischen Nacken und Lendenbereich eingepflanzt. Nach ungefähr sechs Wochen wirkt das Mittel und hält bis zu einem halben Jahr an. Soll der Rüde weiterhin chemisch kastriert werden, so implantiert man den nächsten Chip sechs Monate nach Erstimplantation – die Wirkung setzt jetzt sofort ein, ohne weitere „Wartezeit“. Hat das Implantat nicht die gewünschte Wirkung bezüglich Verhaltensweisen des Hundes gebracht, so war dieses Verhalten auch nicht „testosterongesteuert“ oder man hat den „falschen“ Rüden (z.B. bei Aggressions- oder Dominanzproblemen zweier zusammenlebender Rüden) hormonell lahmgelegt.

In diesem Fall ist eine erneute Implantation nicht sinnvoll (bzw. im letzten Beispiel müsste der andere Rüde das Implantat bekommen).

Wie wirkt der Suprelorin-Chip?

Das Deslorelin in diesem Chip wirkt wie das körpereigene Gonadotropin-Releasing-Hormon (GnRH).

GnRH steuert die Ausschüttung anderer Fruchtbarkeitshormone. Die Produktion der Hormone FSH und LH wird unterdrückt, wodurch der Testosteronspiegel im Blut sinkt. Daraufhin wird kein Sperma mehr produziert und die Libido nimmt ab. Sollte sich ein Rüde mit injiziertem Suprelorin-Chip dennoch mit einer Hündin paaren (nach den 6 Wochen „Wartezeit“), so ist die Wahrscheinlichkeit, dass die Hündin trächtig wird, extrem gering (aber nicht ausgeschlossen).

Antiandrogene Injektion

Antiandrogene werden dort eingesetzt, wo durch die männlichen Sexualhormone 5-Alpha-Dihydrotestosteron und Testosteron Krankheiten oder Verhaltensprobleme aufgetreten sind. Das Antiandrogen Bicalutamid wird beispielsweise bei Prostatavergrößerung oder Prostatakrebs verwendet.

Das Antiandrogen Cyproteron kommt zum Einsatz bei einem krankhaften männlichen Sexualtrieb bzw. um diesen zu unterdrücken.

Die Injektion mit diesem Wirkstoff wirkt recht schnell und hält ca. 4 - 6 Wochen an, sodass der Besitzer des Rüden erst einmal testen kann, ob sich das Verhalten des Hundes wirklich verändert.

Leider wurde schon berichtet, dass diese Injektion nicht immer unproblematisch ist. So wurde von Hautirritationen berichtet, die bis zum Fellverlust führten. Aber auch bei Leber, Herz und Kreislaufsystem können unter dem Einfluss der hormonellen Behandlung funktionelle Störungen auftreten.

Verhalten anderer Hunde gegenüber Kastraten

Wenn man seinen Hund / seine Hündin kastriert, kann es dazu kommen, dass die betroffenen Tiere von anderen Hunden nicht mehr so behandelt werden wie zuvor.

Bei Hündinnen ist dies selten ein Problem. Sie riechen einfach nicht mehr nach läufiger Hündin und gut.

Bei Rüden ist es häufig so, dass sie von andern Hunden behandelt werden wie eine läufige oder zumindest dominante Hündin. Ist der Rüde daheim mit einer oder mehreren Hündinnen zusammen, kann es Probleme geben, wenn eine Hündin zum Rudel gehört, die ohnehin sehr dominant ist.

Immer wieder kann man bei einem kleinen Rudel mit mehreren Hündinnen beobachten, dass rangniedere Hündinnen, die läufig sind, von einer Alpha-Hündin mit dem Kopf gestoßen oder anderweitig „traktiert“ werden. Auch ein Aufreiten mit Andeutung des Deck-Aktes ist oft zu sehen. Zu diesem Verhalten lesen Sie bitte im Kapitel „Scheinträchtigkeit“ weiter.

Ein kastrierter Rüde scheint in etwa so zu riechen wie eine läufige Hündin. Dies ist zwar für uns Menschen nicht zu bemerken, aber für Hunde scheinbar schon. Dabei gilt das nicht nur für Rüden, die vielleicht eine Entzündung durch die OP haben. Viele betroffene Hundehalter berichten, dass der kastrierte Rüde von einer dominanten Hündin angegriffen worden ist. Beim Zusammentreffen mit anderen Rüden ist es dagegen oft so, dass sich diese freundlich und schwanzwedelnd nähern, aber oft auch versuchen wollen, bei diesem Rüden aufzureiten. Ist der Rüde selbst immer recht dominant (gewesen), wird er sich das nicht gefallen lassen, denn für ihn ist es so, als solle er von dem anderen Rüden untergeordnet werden. Und so kann natürlich ein Streit entstehen. Der andere Rüde wird allerdings etwas verwirrt sein, denn er sieht in dem Kastraten nur eine „dominante Hündin“, die einfach nur zickig ist.

Zwei Rüden, die zusammenleben und miteinander vielleicht Rangordnungsprobleme haben, könnten von einer Kastration aber profitieren.

Ein sehr dominanter Rüde, der immer Streit vom Zaun bricht, kann durch die Kastration „herabgestuft“ werden, sodass der andere – ruhigere – nun nicht mehr so „unterdrückt“ wird. Werden beide kastriert, bleibt natürlich alles so, wie es war.

Wir haben selbst erlebt, wie unterschiedlich unser kastrierter Border Collie-Mischlingsrüde von anderen Hunden akzeptiert wurde. Er war vom Tierschutz kastriert worden, bevor wir ihn bekamen, weil das zum einen üblich zu sein scheint (kein Hund wird unkastriert abgegeben, es sei denn, er ist noch ein Welpe) und zum zweiten hatte man wohl gehofft, sein dominantes Verhalten anderen Hunden gegenüber in den Griff zu bekommen (was aber nicht der Fall war!):

Rüden kleinerer Rassen begegneten ihm recht respektvoll (mit Ausnahme weniger „Kampfkekse“, die rassebedingt gern ihre Muskeln spielen lassen, wie z. B. West Highland White Terrier). Gleiches war bei Hündinnen kleinerer Rassen zu beobachten, die er im Gegenzug zwar interessiert beschnupperte, dann aber ignorierte. Die kleinen „Kampfkeksrüden“ nahm er jedoch aufs Korn und hätte Streit angefangen, wenn wir nicht eingeschritten wären. Rüden großer Rassen wurden oft von ihm angefeindet oder er begegnete ihnen mit Imponiergehabe.

Diese Knaben machten häufig einen sehr „verwunderten Eindruck“, als könnten sie nicht begreifen, warum sich dieses „Mädel“ so zickig hat (sie würden bei einer dominanten Hündin ebenso reagieren). Nur wenn wir entsprechend auf unseren Rüden einwirkten, konnten wir schlimme Auseinandersetzungen verhindern. Bei großen und vor allem dominanten Hündinnen (sehr häufig passiert mit Schäferhund-„Dominas“), wurde er angefeindet oder auch schon nach Strich und Faden „verprügelt“. Geworfene Stöckchen nahmen ihm diese Hündinnen weg und er wurde bei jedem Spiel verbissen, bis er mit eingeklemmtem Schwanz davonlief oder bei uns Schutz suchte. Im Gegensatz dazu wurde er bis zu seinem 15. Lebensjahr von unserer großen Bearded Collie-Hündin als Rudelchef anerkannt. Diese war allerdings als Welpe zu uns gekommen, als er bereits 5 Jahre alt war. Während ihrer Hitze animierte sie ihn auch zum Decken. Erst als er mit 16 Jahren deutlich anfing, körperlich abzubauen, wurde die Hündin zur selbsternannten Chefin.

Man kann daraus schließen, dass es nicht immer unproblematisch ist, einen kastrierten Rüden zu haben. Bei kastrierten Hündinnen sind kaum Probleme zu erwarten, hier ist eher die Wahrscheinlichkeit von gesundheitlichen Auswirkungen (wie dem Harntröpfeln) ausschlaggebend für eine Entscheidung.

Es ist wichtig, die Entscheidung zu Kastration oder Sterilisation nicht „übers Knie zu brechen“, alle Für und Wider gründlich abzuwägen und mit dem Tierarzt oder einem (gut ausgebildeten) Hundetrainer zuvor genau das Verhalten des Hundes zu beleuchten und daraus Schlüsse zu ziehen.

Scheinträchtigkeit

Ungefähr vier bis acht Wochen nach der Läufigkeit kann es bei der Hündin zur Scheinträchtigkeit (Pseudogravidität) kommen. Auch wenn die Hündin definitiv nicht gedeckt wurde, kann sie körperliche Symptome einer Trächtigkeit zeigen. Die Milchdrüsen schwellen an und es kommt zur Laktation (Milchproduktion). Auch ihr Verhalten kann sich ändern. Sie wird anhänglicher und versucht, Nester zu bauen. Stofftiere oder Quietsch-Spielzeug behandelt sie als Welpenersatz, schleppt sie ins „Wurflager“ und kann sogar mit Aggressivität gegenüber dem Halter reagieren.

Jeder Hündinnen-Besitzer, der dies schon einmal erlebt hat, fragt sich, wie so etwas zustande kommt. Dazu muss man die Verhaltensweisen im Wolfsrudel kennenlernen, denn vieles resultiert noch aus dem „Wölfischen“.

In einem Wolfsrudel gibt es nur zwei Alphatiere (Rüde + Fähe), die Nachwuchs zeugen dürfen. Alle anderen untergeordneten Tiere werden bei der Fortpflanzung konsequent unterdrückt.

Beim Hund ist das eigentlich genauso, nur dass der Mensch in das Fortpflanzungsverhalten eingreift und damit Verwirrung stiftet oder gar Aggressionsverhalten auslöst.

Eine untergeordnete Hündin dürfte eigentlich nicht trächtig werden, der Mensch möchte es aber, wenn er mehrere Zuchthündinnen hat. Da der Hund domestiziert ist, wird er sich auf jeden Fall unterordnen, aber Spannungen sind in diesen kleinen Rudeln immer zu verzeichnen. Eine trächtige Hündin steigt in der Hierarchie des Rudels.

Die dominanten Hündinnen nehmen während der Hitze (einer rangniederen Hündin) sehr häufig Unterordnungsgesten an dieser vor. So gehört das Kopfstoßen (Schubsen) oder Aufreiten mit zu diesen Gesten. Es bedeutet nicht, dass die Hündinnen „lesbisches" Verhalten zeigen, wie manche Leute glauben.

Soll eine untergeordnete Hündin während der Hitze gedeckt werden, so ist es besser, wenn diese Hündin und der Zuchtrüde vom Rest des Rudels separiert werden. Natürlich nur, wenn es aufgrund des Verhaltens der dominanten Hündin(-nen) notwendig ist, denn manchmal wehren sich die rangniederen Hündinnen auch, lassen sich nicht alles gefallen und das kann zu ernsthaften Auseinandersetzungen führen.

Die Hierarchie im Wolfsrudel (Hunderudel) lässt also nur zu, dass die Alphatiere Nachwuchs zeugen. Wozu ist dann die Scheinträchtigkeit anderer Fähen gut?

Da Wölfe einen saisonal bedingten Sexual-Zyklus haben, werden sie in kurzen Abständen nacheinander läufig. Dieses Phänomen kann man auch in kleinen Rudeln bei unseren Haushunden beobachten. Mehrere Monate passiert gar nichts und dann wird eine Hündin nach der anderen läufig und ihre Würfe fallen kurz hintereinander. Hündinnen, die nicht gedeckt wurden oder nicht aufgenommen haben, werden evtl. scheinträchtig. Dies dient ebenso der Arterhaltung – zumindest in der freien Wildbahn. Sollte die Alphawölfin zu wenig Milch haben oder gar verletzt werden oder sterben, so können die anderen Fähen die Welpen versorgen. Aber auch bezüglich der Jagd durch die Alpha-Tiere ist es notwendig, denn die anderen Wölfinnen können in der Zwischenzeit den Nachwuchs säugen. Sie sind durch ihre Pseudogravidität dazu in der Lage, ohne selbst geworfen zu haben. Bei Hunden wäre diese biologische Besonderheit von Vorteil, wenn die Mutterhündin bei der Geburt versterben sollte oder keine bzw. zu wenig Milch hat. Doch in letzterem Fall ist ja der Mensch zur Stelle, der Welpen-Ersatzmilch verabreichen kann.

Leidet eine Hündin sehr häufig unter Scheinträchtigkeit, kann man empfehlen, sie zur Zucht zu verwenden oder aber evtl. zu kastrieren. Wegen der Milchsekretion sollte man während dieser Scheinträchtigkeit keinesfalls die Gesäugeleiste streicheln.

Dies regt nur eine weitere Milchbildung an. Kühlende Umschläge sind die bessere Lösung. Gelegentlich werden vom Tierarzt Östrogene oder Androgene verschrieben, die jedoch wegen ihrer Nebenwirkungen nicht immer empfehlenswert sind. Eine Behandlung mit Cabergolin gegen die Milchbildung und Diazepam wegen auffälliger Verhaltensänderungen ist ebenso möglich.

Sie müssen versuchen, Ihrer Hündin in dieser Zeit die Welpen „auszureden“. Nehmen Sie ihr das Spielzeug weg, welches sie als „Welpenersatz“ bemuttert – ganz besonders Plüschtiere und Quietschtiere. Versuchen Sie sie häufig abzulenken, indem Sie ihr Lernaufgaben geben, die mit Leckerchen belohnt werden. Beschäftigen Sie sie mit Wurfspielen, gehen Sie mit ihr viel und lange spazieren. Wenn die Hündin wieder in ihre „Wurfkiste“ verschwinden will, rufen Sie sie heran und beschäftigen Sie sie erneut.

Zur Verhinderung der Laktation können Sie auch ein homöopathisches Mittel einsetzen.

Einsatz der Homöopathie

An dieser Stelle soll betont werden, dass die Homöopathie kein Allheilmittel ist. Bevor man aber mit schulmedizinischen Arzneimitteln und ihren manchmal nicht ganz unbedenklichen Nebenwirkungen den Hund bombardiert, kann man es auch erst einmal auf die „sanfte Tour“ probieren. Stellt sich der gewünschte Erfolg nicht umgehend ein, so ist häufig schnelles Handeln wichtig und der Gang zum Tierarzt unerlässlich. Im Falle einer nicht voranschreitenden Geburt kann man die hier angegebenen Mittel einsetzen. Dies setzt aber voraus, dass man ganz genau weiß, dass z. B. der Geburtsweg nicht verlegt ist, weil ein Welpe statt zum „Ausgang“ in das andere Uterushorn gerutscht ist oder ein übertragener (zu großer) Welpe den Geburtskanal nicht passieren kann usw.

Wenn Sie sich noch nicht intensiv mit der Homöopathie beschäftigt haben, kann es gefährlich werden, ohne genauere Kenntnisse zu Anwendungen, Wirkungsweisen und Dosierung der Mittel diese anzuwenden. Deshalb stelle ich hier nur eine kleine Auswahl zusammen.

Günstigerweise kaufen Sie die angegebenen Mittel als Globuli (Streukügelchen). Diese lassen sich besser verabreichen (als Tropfen) und schmecken nur nach Zucker.

Ca. 5 Kügelchen pro Gabe sind ausreichend! Fertilisal S1 gibt es leider nur in Tropfenform.

Fruchtbarkeitsstörungen: Bei ungenügenden Brunsterscheinungen, zur Sterilitätsbehandlung und zur Erhöhung der Wurfstärke (Hündin hat bisher ungewöhnlich wenig Welpen in einem Wurf gehabt oder gar nur einen) können Sie das Mittel Fertilisal S 1 verwenden (Einnahme siehe Beipackzettel).

Vorbereitung einer unkomplizierten Geburt: Durch die Gabe von Pulsatilla D 6, welches einen großen Einfluss auf die Schleimhäute hat, können Sie Komplikationen bei der Geburt vorbeugen. Es nimmt Einfluss auf die Plazenta, beugt der Fehllage von Föten und einer Wehenschwäche vor. Sie geben es einmal täglich ab der 6. Trächtigkeitswoche.

Verhinderung eines Abortes: Ist ein Unfall passiert (Stoß, Herunterspringen der Hündin aus großer Höhe u. ä.), können Sie mit der Gabe von Arnica D 30 1x täglich das Schlimmste verhindern (Blutstillung, Förderung der Heilung von Blutgefäßen). Pulsatilla geben Sie wie gewohnt weiter.

Geburtseinleitung: Hatte die Hündin einen Temperaturabfall, hechelt, zeigt aber keine Presswehen oder die Welpen erscheinen in sehr langen Abständen, so kann man mit der Gabe von Cimicifuga rac. D 6 (Wanzenkraut) aller halben Stunden die Wehentätigkeit beeinflussen. Vergewissern Sie sich, dass keine Geburtshindernisse anderer Art vorhanden sind!

Wehenschwäche: Lassen die Wehen nach, geht die Geburt nicht vorwärts, beeinflussen folgende zwei Wehenmittel die Geburt sehr positiv (sie wirken in etwa wie das Wehenmittel Oxytocin), da sie starke Gebärmutterkontraktionen hervorrufen: Caulophyllum D 6 (Frauenwurz) und Secale cornutum D 6 (Mutterkorn) werden im Wechsel aller Viertelstunde gegeben. Damit müsste die Geburt zügig vorangehen. Wenn nicht, ist es nun dringend notwendig, den Tierarzt aufzusuchen (es könnten z. B. eine Uterustorsion oder andere Geburtshindernisse vorliegen).

Geburtsende / Nachsorge: Ist man sich nicht sicher, ob die Hündin wirklich alle Welpen bekommen hat oder ob z. B. Plazentareste etc. im Uterus verblieben sind, so kann man erneut Cimicifuga rac. D 6 im halbstündigen Abstand geben. Dies aber nicht häufiger als fünfmal hintereinander.

Das Mittel „räumt“ durch erneute Wehenauslösung den Uterus aus. Abschließend geben Sie der Hündin Arnica D 30 einmal täglich, um die strapazierten Geburtswege schnell abheilen zu lassen. Dieses sollten Sie bis zum Ende des Lochialflusses geben. Hat die Geburt extrem lange gedauert und ist die Hündin äußerst erschöpft, hatte sie einen großen Flüssigkeitsverlust, so kann man ihr China C 30 einmal täglich verabreichen.

Milchbildung: Ist keine oder zu wenig Milch eingeschossen, so gibt man einmalig Urtica urens (Brennnessel) in der Potenz D 1 oder D 6. Dieses beeinflusst die Milchbildung in den Gesäugedrüsen. Aber Achtung: In hohen Potenzen bewirkt es das Gegenteil!

Milchüberschuss: Hat die Hündin zu viel Milch und droht daher eine Brustdrüsenentzündung (Mastitis), da nicht ausreichend gesaugt werden kann, gibt man ihr Urtica urens in der Potenz C 30 alle sechs Stunden (auch in der Nacht!). Dies kann auch einer Eklampsie (Störung des Kalzium- und Magnesium-Stoffwechsels) vorbeugen, die sehr häufig bei erstgebärenden Hündinnen kleiner Rassen mit großen Würfen vorkommen kann.

Eklampsie: Vorbeugend kann man der Hündin Knochenmehl im Futter verabreichen oder Welpenmilch zu trinken geben. Auch die Gabe von Calcium phosphoricum D 30 nach der Geburt kann eine Eklampsie verhindern.

Sollte die Hündin dennoch anfangen zu zittern (verlässliches Zeichen einer Eklampsie, besonders bei Erstgebärenden, Hündinnen kleiner Rassen mit viel Milch oder einem großen Wurf), so lassen Sie ihr umgehend eine Injektion mit Kalziumlösung vom Tierarzt geben. Sollte dieser nicht gleich erreichbar sein oder die Fahrt zu ihm lange dauern, geben Sie der Hündin vorab Welpenmilch und eine Dosis (5 – 10 Streukügelchen = „Globuli") Calcium phosphoricum D 30 – manchmal ist dies schon ausreichend. Aber Achtung: Eklampsie kann zum Tod der Hündin führen, daher ziehen Sie so schnell wie möglich den Tierarzt zu Rate!

Mastitis (schmerzhafte Brustdrüsenentzündung): Hat die Hündin eine Mastitis, so kann man durch eine Gabe Traumeel (von Heel in Tablettenform) oftmals schon Abhilfe schaffen. Versuchen Sie, die verhärtete Stelle vorsichtig zu massieren und einen kräftigen Welpen dort anzulegen, der in der Lage ist, die Milch abzusaugen. Hilft dieses Mittel nicht, so muss man differenzierter nach dem richtigen Mittel suchen:

Hat die Hündin eine Rötung, Schwellung und Fieber, wirkt apathisch, so gibt man ihr im Anfangsstadium Aconitum in der Potenz D 12. Sind bei der Hündin geweitete Pupillen zu sehen und das Gesäuge fühlt sich heiß und gespannt an, geben Sie ihr Belladonna in der Potenz D 30 stündlich einmal (auch als Folgemittel zu Aconitum).

Ist die Schwellung auch auf das umliegende Gewebe übergegangen und hat die Hündin trotz Fieber keinen Durst, so geben Sie ihr stündlich abwechselnd Belladonna D 30 und Apis mellifica D 30. Ist das Gesäuge auffallend hart und gerötet, liegt die Hündin darauf (Druck bessert) und möchte ihr Lager nicht verlassen (jede Bewegung ist ihr unangenehm), so geben Sie ihr Bryonia in der Potenz D 30 alle zwei Stunden. Hat sich bei der Hündin bereits ein eitriger Abszess gebildet, so hilft Hepar sulfuris. In den Tiefpotenzen bis D 30 wird die Eiterbildung bis zur Reifung gefördert, verabreicht man dann eine D 200, eröffnet Hepar sulfuris den Abszess, lässt den Eiter abfließen und leitet die Heilung ein. Zur weiteren Ausheilung (wenn der Eiter abgeflossen ist) gibt man in der Folge Silicea D 12 dreimal täglich ca. fünf Tage lang. Waschungen oder Umschläge mit einem Sud (Tee) aus Eichenrinde und Ringelblumen helfen beim Heilungsprozess.

Durchfall der Hündin nach der Geburt: Manche Hündin reagiert nach der Geburt – möglicherweise ausgelöst durch die Aufnahme der Plazenten – mit Durchfall. Geben Sie ihr Podophyllum in der Potenz C 30 einmalig.

Uterusblutungen / Entzündungen der Gebärmutterschleimhaut: Ist bei der Hündin einige Zeit nach der Geburt oder bevor sie belegt wird, eine Uterusblutung oder eine Entzündung der Gebärmutterschleimhaut festgestellt worden oder hat sie eine Blutgerinnungsstörung, so können Sie unterstützend zur schulmedizinischen Behandlung Juniperus sabina C 30 verabreichen. Das Mittel kann auch bei einer Retentio secundinarum (Nachgeburtsverhaltung) verabreicht werden.

Nabelinfektion der Welpen: Achtung! Suchen Sie dringend einen Tierarzt auf, da die aufsteigenden Keime durch den Nabel sehr schnell Folge-Entzündungen im Abdomen verursachen und sogar zum Tod führen können. Für die unterstützende und Erstbehandlung verabreichen Sie dem Welpen Hepar sulfuris in der Potenz C 30 und benutzen Sie ein Nabeldesinfektionsmittel.

Atemdepression / Lungenentfaltung bei Welpen: Nachdem Sie dem Welpen den Schleim aus den Atemwegen entfernt, ihn „ausgeschüttelt“ und beatmet haben, können Sie zur Unterstützung das Mittel Regupulmin (1 Sprühstoß auf die Zunge) geben. Es ist ein gutes Lungenmittel / Komplexmittel bestehend aus den Wirkstoffen Ammonium chloratum, Cuprum aceticum, Grindelia robusta und Kalium nitricum (jeweils in der Potenz D 4). Hält die Schnappatmung an, lassen Sie vom Tierarzt bitte eine Injektion zur Lungenentfaltung geben.

Kreislaufstabilisierung/-anregung bei Welpen: Geben Sie dem Welpen einen Tropfen Kaffee oder Rescue-Tropfen (Dr. Bach/Notfalltropfen) auf die Zunge.

Züchtergeschichten

Die ersten Erfahrungen

Unsere Bearded-Collie-Hündin wurde mit zwei Jahren das erste Mal belegt. Es war für uns absolutes Neuland und zum Geburtstermin waren wir mehr als aufgeregt. Pünktlich am 63. Tag der Trächtigkeit (der Rüde hatte nur einen Tag gedeckt, daher waren wir uns sehr sicher) begann sie zu hecheln, unruhig umherzulaufen und ihre Wurfkistendecken umzuwühlen. Es war bereits gegen Abend. Futter verweigerte sie vollständig, trank nur gelegentlich etwas Wasser.

Ich hatte mir eine Liege ins Wurfzimmer geschoben und wartete gespannt. Aber es passierte nichts. Die Hündin war permanent auf den Beinen, schlabberte mir bei ihren Runden gelegentlich über das Gesicht und legte sich ab und an in ihre Box. Wenige Minuten später lief sie ihre Runden erneut. Ich bekam kein Auge zu, denn bei jedem Seufzer, den sie in ihrer Box von sich gab, war ich wieder hellwach. So vergingen die Nacht und auch der folgende Tag. Ich traute mich kaum, das Zimmer zu verlassen. Aber es passierte noch immer nichts. Wir baten abends unseren Tierarzt zu uns, der uns jedoch nur sagen konnte, dass wir noch Geduld haben müssten. Eine Wehenspritze zu geben, wäre verfrüht. Nun, wir mussten uns zufrieden geben und einfach abwarten.

Ich war hundemüde (kommt das Sprichwort eventuell daher?) und konnte kaum noch die Augen offen halten. Gegen vier Uhr früh ging ich aus dem Raum, um mir einen Kaffee zu machen. Bis dahin war nichts passiert. Ich wollte ihn nur auf dem Sofa genießen und mich kurz mal bequemer hinsetzen...

Ein lauter Ruf meines Mannes weckte mich. Ich hatte wohl unbeabsichtigt auf dem Sofa ein Nickerchen gemacht und es war schon sechs Uhr früh. Dem lauten Ruf konnte ich entnehmen, dass etwas passiert sein musste. Und da waren sie: Als ich das Wurfzimmer betrat, quietsche es in der Wurfkiste und ich konnte sieben wunderschöne Welpen sehen. Allerdings lag der größte und schönste Rüde reglos auf der Seite. Ich betrachtete ihn traurig an und musste feststellen, dass ihm ein Beinchen fehlte. Er war verblutet! Ich nehme an, dass er der erste Welpe war, der das Licht der Welt erblickte und dass er es besonders schwer gehabt hatte. Womöglich steckte er eine Weile im Geburtskanal fest, er war wirklich recht groß. Die Hündin musste versucht haben, ihn herauszuziehen und hatte ihm dabei wohl versehentlich sein Beinchen abgebissen. Nun, es war ihr erster Wurf und ich war trotzdem sehr froh, dass sie es so gut allein gepackt hatte. Genau in den zwei Stunden, in denen ich eingeschlafen war, hatte sie alles allein hinbekommen – nun ja, bis auf den kleinen, armen Wicht eben.

Doch die sechs anderen Welpen waren fit und gesund – es waren drei Mädels und drei Jungs.

Einige Jahre später ließen wir die Hündin aufgrund einer Hormonstörung noch einmal belegen. Homöopathische Mittel, die wir zur Geburt hätten einsetzen können, kannten wir damals noch nicht. Unser Tierarzt hatte uns empfohlen, noch abzuwarten, als die Hündin schon einige Zeit hechelnd in der Wurfkiste lag. Als wieder einen Tag lang nichts passiert war, fuhren wir in die Tierklinik - man vermutete eine Wehenschwäche. Deshalb gab man der Hündin eine Wehenspritze und schickte uns nach Hause. Wir sollten uns gedulden. Wie lange, sagte leider keiner. Möglicherweise war die Injektion des Oxytocin zu zeitig erfolgt – der Muttermund war noch nicht weit genug geöffnet – wie ich heute weiß. Erst nach weiteren 12 Stunden begannen bei der Hündin die Presswehen. Der erste Welpe kam tot zur Welt. Dann hatte die Hündin keine Wehen mehr und wir fuhren zum Tierarzt, der eine Schnittentbindung machte. Leider war der im Uterus verbliebene Welpe ebenfalls tot. In diesem Fall war also so einiges schief gelaufen. Zum einen hatte die vorzeitige Oxytocingabe wohl das Gegenteil dessen bewirkt, was es sollte und durch die lange Zeit unter der Geburt waren die Welpen verendet.

Wir waren hilflos und sehr traurig. Noch trauriger war natürlich die Hündin, die noch lange Zeit alle Ecken absuchte, fiepte und uns die Pfote auf das Knie legte. Sie schien zu sagen: „Gebt mir meinen Welpen wieder, ich weiß doch, dass ich einen geboren habe…“

Ein Jahr später starteten wir einen erneuten Versuch, es sollte der letzte sein. Die Hündin wurde tragend – allerdings war es laut Ultraschall nur ein Welpe und uns war klar, dass es aufgrund dessen wieder schwierig werden würde. Die Geburt begann, es dauerte nicht lange und der Hündin platzte die Fruchtblase – ohne dass der Welpe im Anmarsch war. Sie hatte liegend plötzlich einen großen nassen Fleck unter sich, der nicht nach Urin roch – also Fruchtwasser verloren. Wehen waren keine festzustellen. Wir riefen daher sofort den Tierarzt an und fuhren anschließend mit ihr in die Praxis, um erneut eine Schnittentbindung machen zu lassen. Dies war die beste und einzige Option. Es klappte auch alles gut und wir hielten bald ein süßes Bearded-Collie-Mädchen in den Händen, wunderschön und kräftig schreiend. Leider war ihr nur ein kurzes Leben vergönnt. Die Hündin war leidenschaftlich bei ihrer Pflege, doch die Kleine wurde von Tag zu Tag schwächer. Als ich ihr Welpenersatzmilch gab, verschluckte sie sich und saugte nicht kräftig genug.

Ich hatte zu spät bemerkt, dass die Hündin sie ständig so lange beleckte, bis sie die soeben erbeutete Zitze fahren ließ. War es eine Erkrankung des Welpen und die Mutter versuchte, den Kreislauf anzuregen? Oder wurde der Welpe „zu Tode geliebt“? Nach gerade einmal 5 Tagen war die kleine Maus tot. Damit die Hündin nicht wieder suchend und fiepend umherlaufen würde, ließen wir das tote Baby bei ihr, damit sie begreifen sollte, dass es nicht mehr lebte. Mein Mann überlegte, wo die beste Stelle wäre, um das arme Mäuschen zu begraben. Ich konnte daran noch gar nicht denken, denn mir liefen die Tränen. Ich hatte sie doch so gepäppelt und aller zwei Stunden mit der Flasche zugefüttert, als ich bemerkt hatte, dass sie abstatt zunahm. Es hatte alles nichts genutzt. Damals wusste ich auch nichts von Herpes-Infektionen u. ä. – möglicherweise lag es an einer Infektion und nicht nur an der permanenten Körperpflege.

Als wir schließlich in das Wurfzimmer kamen, lag die Hündin allein in ihrer Box. Das kleine Bearded-Collie-Mädchen war verschwunden – die Hündin hatte es gefressen. Wir waren entsetzt.

Heute wissen wir, dass auch das normal ist. Würde eine Wölfin ein verstorbenes Junges vor der Wurfhöhle ablegen, würde sie damit anderes Raubzeug anlocken und ihren übrigen Wurf gefährden.

Von anderen Züchtern wissen wir, dass auch Hündinnen ihre noch lebenden Jungen aussondern und z. B. zum Züchter bringen, wenn sie spüren, dass das Kleine schwächelt. Viele Züchter wundern sich und versuchen, den Welpen wieder anzulegen, damit er eine Überlebenschance hat, aber die Hündin sondert ihn meist wieder aus. Sie hat ein viel besseres Gespür dafür, welches Baby keine Chance hat und die anderen nur gefährdet. Natürlich will dies kein Züchter wahrhaben und versucht erneut, die Hündin zur Annahme ihres Welpen zu animieren, das ist in Ordnung. Immerhin kann doch auch einmal ein Wunder passieren und viele Welpen wurden gerettet, weil sie vom Züchter intensivste Betreuung und Versorgung bekamen. Ich habe schon von Züchtern gehört, die einen Welpen, der zu schwach zum Saugen war, die ersten zehn Tage intensiv gepäppelt haben und nach dieser Zeit war die Schwäche überwunden, es wurde ein kräftiges Kerlchen aus ihm. Das sind aber leider die Ausnahmen. Natürlich versuchen auch wir immer wieder, einen schwachen Welpen zu retten. Zum Glück hatten wir noch keinen dabei, der einen Geburtsfehler hatte und aus diesem Grund nicht überlebensfähig war. Aber auch das gibt es natürlich hin und wieder und man sollte in so einem Fall schnellstens entscheiden – am besten nach Beratung mit einem Tierarzt bzgl. der Möglichkeiten, die es gibt - was zu tun ist.

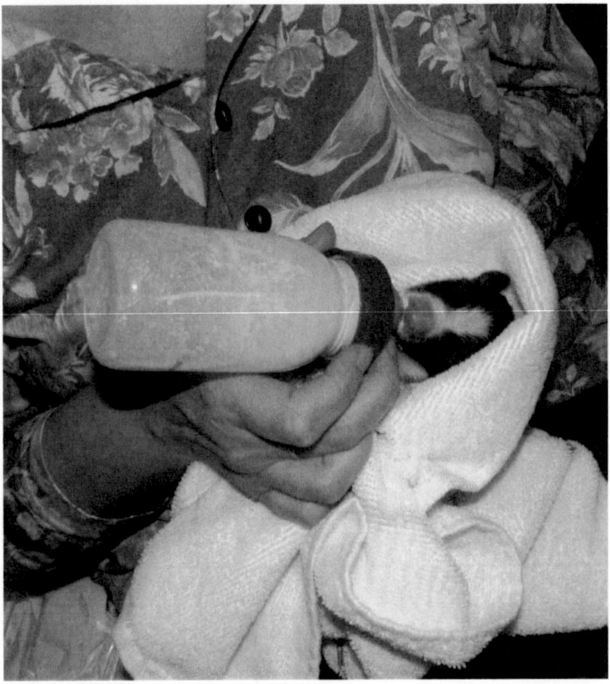

Drei Tage alter Bearded-Collie-Welpe bei der Flaschen-Aufzucht

Armanis Geschichte

Längere Zeit nachdem wir mit dem Bearded-Collie-Nachwuchs Schiffbruch erlitten hatten, entschlossen wir uns, unsere Havaneser-Hündin Bijou belegen zu lassen. Zu diesem Zeitpunkt hatten wir uns nun schon sehr intensiv mit allem, was zur Zucht gehört, auseinandergesetzt und uns mit vielen Züchtern unterhalten. Angesichts der letzten beiden Pleiten war uns etwas flau im Magen, aber die Kinder wollten unbedingt Hundebabys erleben, denn unsere Große konnte sich kaum noch an den ersten Bearded-Collie-Wurf erinnern und unser Sohnemann war zu dieser Zeit noch nicht auf der Welt. Abgesehen davon waren unsere beiden Havaneser Bijou und Benji für uns ein „Traumpaar".

Links der zukünftige Papa Benji, rechts die zukünftige Mama Bijou

Der Rüde deckte mehrere Tage – er war allerdings deutlich jünger als die Hündin, hatte aber schon einige Zeit sein Beinchen gehoben, so dass wir annahmen, dass er schon „so weit wäre“.

Nun, dem war aber nicht so, wie wir feststellen mussten. Wie schon im entsprechenden Kapitel dieses Buches beschrieben, kann man nicht zwingend davon ausgehen, dass ein Rüde schon zeugungsfähig ist, wenn er das Beinchen hebt. So starteten wir ein halbes Jahr später erneut einen Versuch und – siehe da – die Hündin wurde trächtig.

Am 64. Tag nach dem ersten Deckakt hatte die Hündin den Temperaturabfall. Dies war morgens. Den ganzen Tag über passierte nichts. Die Hündin war unruhig, verweigerte das Futter und grub ihre Wurfbox permanent um. Gelegentlich hechelte sie und … es passierte noch immer nichts. So meinten wir, dass es sicherlich in der Nacht in die „heiße Phase“ gehen müsste, aber es verging Stunde um Stunde und es tat sich nichts. Ich war mir schon sicher, dass wir am nächsten Morgen wieder in die Tierklinik fahren müssten und legte mich im Wurfzimmer etwas aufs Ohr. Bijou kam an mein Bett, schaute nach mir und lief dann wieder in ihre Wurfbox. Ich nickte ein – gegen fünf Uhr in der Früh. Eine Stunde später hörte ich sie an meinem Bett kratzen und fiepen.

Noch völlig schlafumnebelt und aus verworrenen Träumen geholt, blinzelte ich nach ihr und sah einen kleinen dampfenden „Haufen“ vor meinem Bett. Schlagartig war ich wach und meinte, sie hätte mir einen Kothaufen vor das Bett gesetzt. Aber es roch gar nicht danach …

Blitzartig wurde mir bewusst, dass sie wohl ihren ersten Welpen vor meinem Bett geworfen haben musste. Der „Haufen“ bewegte sich nicht. „Ausgepackt“ hatte sie den Welpen also nicht, er lag völlig regungslos, ihr natürlicher Instinkt hatte leider versagt.

Das Herz schlug mir bis zum Hals. Mit fliegenden Händen nahm ich das Häuflein, riss die Fruchthüllen auf und massierte den Welpen kopfüber, damit das Fruchtwasser ablaufen konnte. Er bewegte sich noch immer nicht. Es gab keine Anzeichen dafür, dass er noch lebte. Dabei war er ein so wunderschöner kleiner Rüde – ganz der Papa! Das Blut pochte mir in den Schläfen und mein Herz raste, ich war wie berauscht. Ich nabelte ihn ab und massierte ihn wieder und wieder. Plötzlich bemerkte ich, wie seine Pfötchen zu zucken begannen und ein Glücksgefühl durchströmte mich. Aber noch atmete der Kleine nicht richtig. Er röchelte und ich begann, ihm das Fruchtwasser abzusaugen. Anfangs war es ein merkwürdiges Gefühl, sein Mäulchen mit dem Mund zu umschließen, aber er sollte leben und ich überwand mein Unbehagen.

Das Fruchtwasser, welches ich absaugte und ausspuckte, schmeckte leicht süßlich, also auch nicht widerlich, wie ich angenommen hatte. Dann beatmete ich ihn und er kam mehr und mehr zu sich. Endlich, nach etwa fünfzehn Minuten, schrie er plötzlich kräftig und die Hündin kam hinzu, fiepte und wollte den Kleinen haben. Natürlich legte ich ihn nun zu ihr in die Wurfkiste – sie beleckte ihn ausgiebig und schien glücklich zu sein. Seine Lebensgeister waren erwacht und er strebte zu den Zitzen. Was für ein wunderschöner Moment – ich genoss es, den beiden innig Vereinten zuzusehen.

Alle Anspannung fiel auf einmal von mir ab – aber plötzlich ging es schon weiter. Kurz nachdem der Welpe zu saugen begonnen hatte, drängte das nächste Baby ans Licht der Welt. In Abständen von 10 bis 25 Minuten wurde ein Welpe nach dem anderen geboren und alle waren gesund und fit. Manchmal ging es so schnell, dass ich kaum hinterherkam mit dem „Auspacken“, Abnabeln, Massieren und Anlegen, während die Hündin die Nachgeburten fraß und die Babys beleckte. Zum Glück unterstützte mich später mein Mann. Als fünf gesunde, zuckersüße Welpen geboren waren, hörten die Wehen bei der Hündin auf und ich konnte nichts mehr ertasten. Völlig erschöpft, aber glücklich, lag die Hündin bei ihren Babys und ließ sie saugen. Jedes von ihnen erkämpfte sich seinen Platz an der Milchbar und ließ – einmal angedockt – seine Zitze so schnell nicht wieder los.

Armani – der erstgeborene Welpe – hat eine ganz liebe Familie gefunden, mit der wir noch immer in Kontakt stehen (wie mit allen anderen Welpenbesitzern auch). Er wird heute „Teddy" gerufen und ist in München zu Hause. Aus ihm – unserem Erstgeborenen - ist ein wunderschönes Kerlchen geworden, wie man auf den Bildern sicher sehen kann! Und auch die anderen sind natürlich einer süßer als der andere!

Die ganze Rasselbande zum Fotoshooting auf dem Sofa, 2.v.r. Armani. Auf diesem Bild ist der Prachtbursche natürlich noch bei uns daheim.

Armani mit 6 Wochen

Sein Blick scheint zu sagen: „Hey, bin ich nicht bildschön? Kannst du mir widerstehen? Nimm mich doch einfach hoch, ich möchte schmusen!"

Und hier sieht man ihn bei einer Entdeckungsreise im Garten. Gemeinsam mit seinem Schwesterchen „Lilly“ – ebenfalls ein wunderschöner Havaneser-Welpe – erkundet er einen Handwagen.

Armani rechts (hinten) im Bild, Schwesterchen Lilly links (vorn)

Natürlich haben wir die Kleinen im Frühjahr bei noch kühlen Temperaturen nicht sehr lange draußen gelassen. Auch wenn ihr Fell sehr wuschelig und warm wirkt, muss man die Welpen erst langsam an die Außentemperaturen gewöhnen (außer im Hochsommer natürlich, da benötigen sie dann eher ein schattiges Plätzchen).

Anfänglich durften sie für ca. zehn Minuten ins Freie (in der fünften Woche), ganz besonders dann, wenn sie gerade zu fressen bekommen hatten, damit auch die Sauberkeit schon trainiert wurde.

Sieht man die Kleinen aber zittern, dann müssen sie natürlich wieder in das warme Wurfzimmer. Die Aufenthaltszeit im Freien wird nach und nach verlängert. Und je wärmer die Sonne strahlt, desto länger halten die Kleinen draußen durch. Erst wenn sie genügend getobt hatten und langsam müde wurden, holten wir sie wieder ins Haus.

Armani kurz vor der Abgabe an seine neue Familie

Wir freuen uns immer, wenn wir nach Abgabe der Welpen Fotos bekommen. Leider sind nicht alle geeignet, um sie zu veröffentlichen, daher bleibt es an dieser Stelle bei den wenigen Armani-Bildern, um den sich ja hauptsächlich die Geburtsgeschichte rankt.

Armani (ca. vier Monate alt) fühlt sich bei seiner neuen Familie sehr wohl

Armani in seiner neuen Heimat - ein rundum glückliches Kerlchen

Ganz besonders freuen wir uns, wenn „unser" Nachwuchs uns besuchen kommt, egal ob zur Pflege oder einfach mal so.

Schon nach einem reichlichen halben Jahr haben die ehemaligen „Zwerge“ ihre endgültige Körpergröße erreicht und man kann nur staunen, was aus diesen kleinen quirligen Kerlchen für Prachtexemplare geworden sind.

Armani zu Besuch – sein erster Pflegeschnitt stand an und wir haben uns alle gefreut, dass wir ihn mal wieder sehen durften

Wie man jetzt sehen kann, sieht der Kleine mittlerweile seinem Papa fast zum Verwechseln ähnlich.

Maikas ersterWurf

Unsere Havaneser-Hündin Maika sollte ihren ersten Wurf bekommen, nachdem wir mit unserer Bijou gute Erfahrungen machen durften. Gespannt warteten wir auf den Tag der Tage und ganz pünktlich am 63. Tag (vom ersten Decktag gerechnet) wurde sie unruhig, verweigerte das Futter und huschte gelegentlich in die Wurfbox. Morgens um acht Uhr habe ich daher bei ihr die Temperatur gemessen, da ich am Abend vorher keinen Abfall feststellen konnte. Die Temperatur war unverändert, sodass ich etwas unsicher wurde. Maika lief mir pausenlos hinterher und zeigte keine Anstalten, in ihre Kiste zu gehen. Sie kam zu mir auf das Sofa, um zu schmusen. Ich dachte seufzend, dass es wohl ein langer Tag und mindestens noch eine lange Nacht werden würden, bis es soweit wäre. Aber es kam ganz anders:

Um halb zehn Uhr – Maika lag noch immer entspannt auf der Couch - hechelte die Hündin plötzlich sehr intensiv und bekam erste Presswehen. Scheinbar fühlte sie sich bei mir so wohl, dass sie gar nicht in die Wurfkiste gehen wollte. Ich legte sie jedoch dort hinein und hockte mich neben sie, ganz erschrocken darüber, dass es schon losging. Sie musste ihren Temperaturabfall wohl mitten in der Nacht gehabt haben! Daher hatte ich ihn verpasst.

Fast Punkt zehn Uhr bahnte sich der erste Welpe seinen Weg. Er war sehr groß und kräftig und hatte es schwer. Die Hündin brauchte mehrere Presswehen, um ihn auf die Welt zu befördern. Als ich den kleinen Matz, der leblos zu sein schien, von seinen Fruchthüllen befreite und die Nabelschnur durchschnitt, schlug mir das Herz wieder bis zum Hals. Minutenlang massierte ich ihn bzw. sie, es war eine kleine Hündin. Sie zeigte keine Regung. Das Köpfchen hing schlaff herunter, ihr kleines Körperchen reagierte nicht. Ich hatte jedoch beim Abnabeln gesehen, dass Blut aus der Nabelschnur quoll. Daher gab ich die Hoffnung nicht auf! Ich gab mein Bestes. Etwa zwanzig Minuten versuchte ich, den kleinen Körper ins Leben zu holen. Aber es schien nichts zu helfen. Gerade eben wollte ich traurig den Welpen zur Seite legen, als ich ein winziges Zucken der Pfötchen bemerkte. Noch immer hing das Köpfchen wie leblos am Körper, aber ich führte die Reanimation fort. Als ich spürte, dass scheinbar langsam das Leben in den kleinen Körper zurückkehrte, gab ich einen Rescue Tropfen in ihr Mäulchen. Das kleine Mädchen kam zu sich und ruderte bald mit den Beinchen. Kurze Zeit später „schnorchelte“ sie zwar noch, war aber schon etwas kräftiger. Der zweite Welpe kam noch während der Reanimation des kleinen Mädchens gesund und ohne Probleme auf die Welt. Mein Mann war zur Stelle gewesen und hatte Geburtshilfe geleistet.

Alle vier weiteren Welpen kamen ohne besondere Probleme auf die Welt. Nur die kleine Erstgeborene war zu schwach zum trinken und lag stets auf der Seite. Sie versuchte zwar, zu den Zitzen zu gelangen, war aber zu nicht in der Lage, sich richtig festzusaugen.

Da wir wieder einmal Wochenende hatten, fuhr ich mit dem kleinen Mädchen zu unserem Tierarzt nach Hause, der ihr eine Spritze zur Lungenentfaltung und eine Aufbauspritze gab. Gut eingepackt im Auto, mit einer Wärmflasche an ihrer Seite, fing die Kleine auf dem Rückweg endlich kräftig zu schreien an. Wieder bei ihrer Mutter in der Wurfkiste, robbte sie zielstrebig zum Gesäuge und … saugte sich schließlich fest. Wir waren glücklich. Sie war auf dem besten Weg.

Als sie zwei Tage später deutlich zugenommen hatte, waren wir uns relativ sicher, dass sie es schaffen würde. Und so war es auch. Sie war die schwerste Hündin bei der Geburt gewesen, hatte nur Startschwierigkeiten gehabt. Nun aber nahm sie Tag für Tag sehr schön zu und wurde ein sehr kräftiger und gut entwickelter Welpe. Noch heute kann ich es kaum glauben, dass ich am Wurftag kurz davor war, sie aufzugeben! Jetzt folgen noch ein paar Bilder dieses Wurfes. Süß – oder?

Ausflug in den Garten: rechts der Papa, Mitte Maika mit den Babys, dahinter „Tante“ Bijou. Alle Hunde lernen beizeiten einander kennen. Auch der Papa spielt bei der Welpen-Erziehung eine wichtige Rolle. Die Hunde gehen ganz entspannt miteinander um – ein gut sozialisiertes Rudel!

„Jetzt bin ich aber langsam müde."

Zeitig lernen die Welpen schon die Transportkiste kennen, sie spielen und schlafen sehr häufig darin, werden in ihr in den Garten getragen, damit es später – bei der Fahrt in ihr neues Zuhause oder auch in die Tierklinik – keine Probleme gibt. Für ihre neuen Besitzer ist es ideal zur Sauberkeitserziehung in der Nacht. Hier haben sie einen vertrauten Schlafplatz und können direkt am Bett von Herrchen / Frauchen schlafen.

Der Kontakt zu Menschen aller Altersklassen ist für die Welpen sehr wichtig. Von Anfang an werden unsere Kinder in die Welpen-Aufzucht mit einbezogen. Sie lernen, wie sie mit den Welpen richtig umgehen müssen und die Welpen haben großes Vertrauen in die Menschen. Keiner unserer Welpen scheut vor der ausgestreckten Menschenhand zurück – neugierig kommen sie jedem entgegen. So muss es sein!

Eines der Babys bei der Übergabe an seine neue Familie. Völlig entspannt sitzt es auf dem Schoß und genießt die Streicheleinheiten.

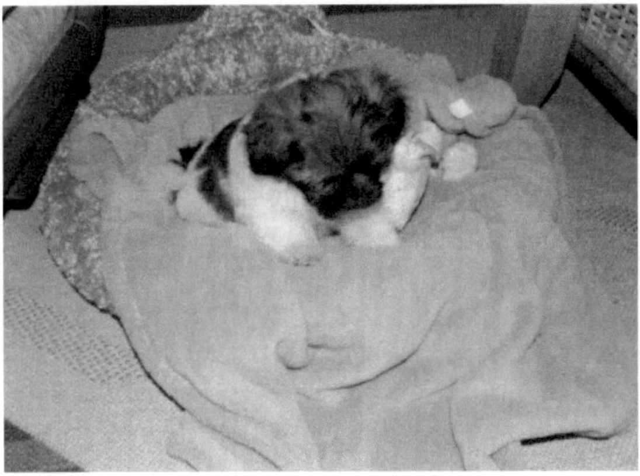

Kurz nach dem Umzug ins neue Zuhause bekamen wir dieses niedliche Foto von den Welpenbesitzern.

Dies waren natürlich nicht alle Geschichten über unserer Zucht, aber ich glaube, schon sie zeigen deutlich, dass jeder Wurf Überraschungen für den Züchter bereithalten kann.

Die ersten Würfe unserer zwei Hündinnen gingen sehr gut vonstatten, auch wenn es anfänglich Schwierigkeiten gab. Ab und an gab es leider auch Rückschläge, trotz Wurfpausen, regelmäßigem Gesundheitscheck, besten Haltungsbedingungen. Beispielsweise war von fünf Welpen einer bei der Geburt tot, eines starb wenige Tage nach der Geburt. Ein anderes Mal wurden nur zwei Welpen geboren. Und später blieben alle Hündinnen nach der Belegung und trotz Herpesimpfung leer oder resorbierten die Welpen, die schon deutlich im Ultraschall zu sehen gewesen waren.

Also, kein Züchter ist vor Rückschlägen sicher, so gewissenhaft er auch die Zucht betreibt, darüber muss man sich im Klaren sein. Jeder Wurf gesunder Welpen, jede unkomplizierte Geburt und die Gesundheit einer Hündin, die alles gut verkraftet hat, ist ein Geschenk und sollte als solches betrachtet werden.

Lesen Sie auch bei DeBehr: Ines Hartdorf – das Buch zur Welpenaufzucht

Ines Hartdorf

Er will doch nur spielen...

Das kleine Welpen - Einmaleins

Broschiert: 56 Seiten

ISBN: 978-3941758636

Preis: 9,95 Euro

Ein Welpe soll ins Haus - welche Rasse ist geeignet? Und wenn er dann da ist, was muss man bei der Aufzucht und der Erziehung der Kleinen beachten? Dieses liebevoll illustrierte Handbuch hilft dem Hundehalter sachlich und schnell mit Rat und umfangreichem Wissen. Es werden Besonderheiten von Hundewelpen erläutert. Wichtige Schritte der Erziehung, der Anleitung zum Sauberwerden, dem Umgang mit den Vierbeinern werden erklärt. Mit einem kleinen Augenzwinkern werden die größten Fehler bei der Welpenerziehung erörtert.